Dissertation zur Erlangung des Doktorgrades der
Mathematisch-Naturwissenschaftlichen Fakultäten der
Georg-August-Universität Göttingen

Multistabile Gitterkomplexe

vorgelegt von

Diplom-Chemiker Benjamin Schneider

aus Eckernförde

Göttingen 2012

Referent: Prof. Dr. Franc Meyer

Korreferent: Prof. Dr. Oliver Wenger

Tag der mündlichen Prüfung: 26.06.2012

„There is plenty of room at the bottom" (Richard Feynman)

Herstellung und Verlag:
BoD – Books on Demand, Norderstedt
ISBN 978-3-8482-3204-8

Inhaltsverzeichnis

Teil I.

Einführung

1. Einleitung

1.1. Die digitale Revolution

Unsere Informations- und Kommunikationsgesellschaft ist im Zuge der digitalen Revolution[1] eng mit dem Fortschritt der Informationstechnologie verknüpft. Der ständig ansteigende Bedarf an Speicher- und Rechenkapazität in den letzten 30 Jahren brachte immer höhere Speicherdichten zu immer geringeren Kosten hervor. Die Entwicklung wirkt sich auf alle Arten von Speicher aus, die hier in flüchtige und nichtflüchtige unterteilt und letztere kurz vorgestellt werden sollen. Bei nichtflüchtigen Speichermedien (NVM, *non-volatile memory*) gehen bei Energieverlust (Ausschalten eines Geräts) keine Daten verloren. Zu diesen gehören magnetische Datenspeicher (die meisten Festplatten), optische Datenspeicher (CD, DVD), transistorbasierte Halbleiterspeicher (EPROM, EEPROM (Flash)), Magnetbänder und ähnliches.

Die Entwicklung der magnetischen Speichermedien stößt aufgrund des superparamagnetischen Effekts an die Grenzen der Miniaturisierung. Unterhalb einer bestimmten materialspezifischen Größe können die bislang nach der *top-down*-Methode hergestellten ferromagnetischen Partikel die Magnetisierung aufgrund von Néel- und Brown-Relaxation[2] nicht beibehalten. Auch die optischen Speicher sind durch die Beugungsgrenze nicht unendlich verkleinerbar. Für halbleiterbasierte Feldeffekt-Transistoren (FET, *field-effect transistor*; überwiegend Metalloxid-basierte MOSFETs) galt bisher das „Mooresche Gesetz". Demnach verdoppelt sich die Komplexität integrierter Schaltkreise (vergleichbar mit Transistoren pro Fläche) alle 1–2 Jahre. Inzwischen muss davon ausgegangen werden, dass auch diese Regel an ihre Grenzen stößt, da die Skalierung aufgrund von unerwünschten quantenmechanischen Phänomene im Nanometerbereich[3] und von Problemen mit der Energiedissipation[4] nach unten limitiert ist.[5]

Abbildung 1.1 zeigt den zeitlichen Entwicklungsverlauf von nichtflüchtigen

3

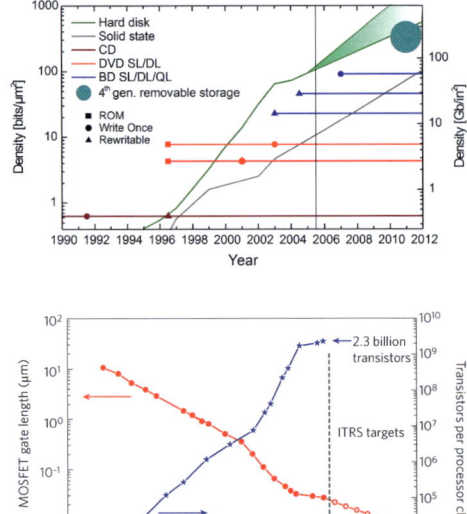

Abbildung 1.1.: Oben: Entwicklung von NVM-Medien. Übernommen von den IMST-Seiten (*Innovative Mass-Storage Technologies*, Teil des EU-FP6-Projekts, www.wind-fp6.org). Unten: Zeitlicher Verlauf der Entwicklung der Anzahl von Transistoren (MOSFETs) pro Chip und der Gate-Länge als Maß für die Transistorgröße, sowie die Zielsetzung der ITRS (*International Technology Roadmap for Semiconductors*, www.itrs.net). Beide Grafiken in logarithmischer Auftragung.

Speichermedien (oben) und von MOSFETs (unten) der letzten Jahrzehnte. Wir bewegen uns gegenwärtig auf eine Speicherdichte in Größenordnung von Tbit/inch^2 zu, was einer Bitgröße von 25×25 nm entspricht. Sollte der Trend fortschreiten (100 Tbit/inch^2 entsprechen nur noch 2.5×2.5 nm), stellt sich in naher Zukunft die Frage, welche Materialien dies leisten können. Derzeit forschen angesichts der großen Bedeutung weltweit alle großen IT-Firmen und unzählige wissenschaftliche Arbeitsgruppen an der Weiter- und Neuentwicklung dieser Materialien. Beispielsweise beeindruckt die noch recht neue Kohlenstoffmodifikation Graphen mit ihren ungewöhnlichen optischen und elektronischen Eigenschaften.[6–8]

Als besonders vielversprechende Alternative zur herkömmlichen Elektronik gilt die Spintronik,[9,10] bei der ein Freiheitsgrad mehr, nämlich der Elektronenspin ausgenutzt wird. Es wird nicht mehr nur der elektronische Ladungsfluss gesteuert, sondern auch der Spinzustand, der sich zudem viel schneller umschalten lässt.[11] Der *bottom-up*-Ansatz unter Verwendung einzelner Moleküle oder sogar Atome als informationsverarbeitende Bausteine im Sinne einer molekularen Elektronik ist ein hochaktuelles Forschungsfeld.[12–18] Eine entsprechende Arbeit (diesen Jahres) berichtet von einer bistabilen antiferromagnetischen Nanostruktur, die nur aus zwölf Eisenatomen besteht und bei 3 K zwischen zwei Néel-Zuständen geschaltet werden kann.[19]

1.2. Moleküle als Informationsträger

1.2.1. Zelluläre Quantenautomaten (QCA)

Ein Paradigmenwechsel für binäre Rechenkonzepte wurde 1993 von *Lent* vorgeschlagen.[20,21] Die binäre Information (1, 0) wird anstelle der *on/off*-Zustände eines Stromschalters in der Ladungskonfiguration einer Zelle mit z. B. vier quadratisch angeordneten Punkten gespeichert. Das Konzept wurde ursprünglich für Quantenpunkte entworfen und realisiert,[21–26] lässt sich aber auch auf einzelne Moleküle als Zellen übertragen.[27] Als schaltbare Kandidaten für derartige Anwendungen werden schon seit längerem speziell gemischtvalente Moleküle diskutiert.[28–30] So könnten z. B. in einem vierkernigen gemischtvalenten Komplex mit quadratischer Anordnung der Metallatome zwei mobile ungepaarte Elektronen verteilt sein, die aufgrund ihrer Abstoßung auf zwei gegenüberliegenden Positionen liegen (Abbildung 1.2), wodurch das Molekül ein Quadrupolmoment erhält. Das Molekül ist bistabil und die Zustände 0 und 1 sind energetisch entartet. Werden zwei Zellen aneinandergelagert, kann sich die Ladungskonfiguration durch Coulomb-Wechselwirkung auf den nächsten Nachbarn fortpflanzen und so das Signal übertragen.

Die ersten Prototypen für zweipunktige molekulare QCA-Zellen waren ein organisches 1,4-Diallyl-butan-Radikalkation[31] sowie zweikernige unsymmetrische gemischtvalente Fe-Ru-Komplexe von *Fehlner* et al., die bereits für eine Oberflächenanbindung funktionalisiert wurden.[32–36] Im nächsten Schritt wurden vierkernige symmetrische Moleküle entwickelt, die bereits eine Reihe der benötigten Eigenschaften aufweisen.

Ein wesentlicher Vorteil von QCA gegenüber der herkömmlichen auf Elektronenfluss basierenden Technologie ist die geringe Energiedissipation durch die stromlose (quasi-adiabatische) Signalübertragung. Hinzu kommt die Möglichkeit zum hierarchischen Design von QCA-Architekturen insofern, als die Coulomb-Wechselwirkungen ausschließlich mit dem nächsten Nachbarn (maximal mit dem übernächsten) stattfinden.[37] Die Schaltungs- und Signalübertragungsenergetik ist theoretisch bereits für mehrere Verbindungen untersucht worden.[38,39]

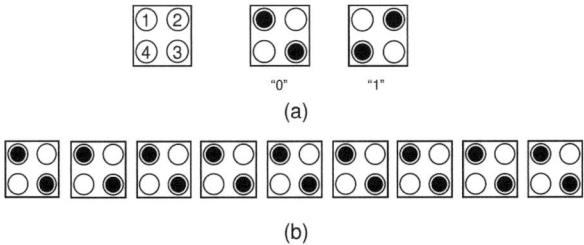

(a)

(b)

Abbildung 1.2.: Schematische Darstellung von QCA.[38] a) Die Punkte 1–4 sind die Ladungsträger, daneben die beiden 0 und 1 entsprechenden Zustände. b) In einem solchen „Draht" aus Zellen überträgt sich die Information (in Form der Ladungskonfiguration) durch Coulomb-Wechselwirkungen auf den Nachbarn.

Das QCA-Konzept lässt sich prinzipiell auch auf andere unterscheidbare, ineinander überführbare (magnetische oder elektronische) Zustände übertragen. Die Ansteuerung der verschiedenen Zustände bi- oder multistabiler Moleküle kann durch verschiedene Stimuli wie Temperatur, Licht, Druck, Redox-Potentiale oder Magnetisierung erfolgen.[40] Innerhalb der verschiedenen Möglichkeiten, Moleküle durch externe Auslöser zwischen verschiedenen Zuständen zu schalten, soll im folgenden Abschnitt besonders auf den thermischen Spin-Crossover eingegangen werden.

1.2.2. Spin-Crossover (SCO)

Historischer Überblick

Ein besonders vielversprechendes Phänomen im Zusammenhang mit molekularer Bi- oder Multistabilität ist der Spin-Crossover (SCO). Als Spin-Crossover oder Spinübergang wird der durch externe Stimuli (Temperatur, Druck, Licht) ausgelöste Übergang zwischen zwei molekularen Spinzuständen von Komplexen mit $3d^4$–$3d^7$-Metallen bezeichnet. Er wurde zum ersten Mal 1931 an einem Eisen(III)-dithiocarbamat-Komplex beobachtet[41,42] und in den darauffolgenden 50 Jahren an mehreren, vorwiegend Eisen(II)-Komplexen gezeigt.[43–45] Das Potential derartiger Verbindungen als mögliche Kandidaten für neuartige Speicherbausteine wird jedoch erst seit Beginn der 1980er Jahre diskutiert, besonders seitdem der lichtinduzierte Spin-Crossover (LIESST, *light-induced excited spin state trapping*) entdeckt wurde.[46] Auf dieser Grundlage entwickelte sich das Forschungsfeld enorm, der Spin-Crossover-Effekt wurde immer tiefer verstanden und höher entwickelte Spin-Crossover-Verbindungen wurden synthetisiert, wie in zahlreichen Übersichtsartikeln[47–55] und Buchkapiteln[56,57] beschrieben. In diesem Kapitel sollen die molekularen Voraussetzungen für den Spin-Crossover sowie die Charakteristika anhand von wenigen Beispielen beleuchtet werden.

Erklärung des Phänomens

Das mit Abstand häufigste Metallion in solchen Komplexen ist (pseudo-) oktaedrisch koordiniertes Eisen(II). Innerhalb dieser Komplexe findet der Übergang zwischen den Spinzuständen $S = 0$ und $S = 2$ statt (Abbildung 1.3). Im starken Oktaederfeld wird nur der t_{2g}-Satz besetzt ($t_{2g}^6 e_g^0$, LS), es resultiert der diamagnetische $^1A_{1g}$-Zustand. Im schwachen Oktaederfeld hingegen ist die Spinpaarungsenergie größer als die Aufspaltungsenergie, woraus entsprechend der Hundschen Regel eine $t_{2g}^4 e_g^2$-Konfiguration (HS) mit einem $^5T_2$-Zustand folgt. Bei einer Spin-Crossover-Verbindung befindet sich die Ligandenfeldstärke im mittleren Bereich, in den meisten Fällen ist dies eine {N_6}-Umgebung für Eisen(II). In Abbildung 1.3 sind die Potentialkurven der beiden beteiligten Zustände gezeigt. Der Energieunterschied zwischen HS und LS (ΔE_{HL}) entspricht etwa der thermischen Anregung $k_B T$. Die Besetzung des antibindenden e_g-Satzes im HS-Fall bewirkt eine Verlängerung der Bindung zwischen Metall und Ligand (d_{Fe-N}).

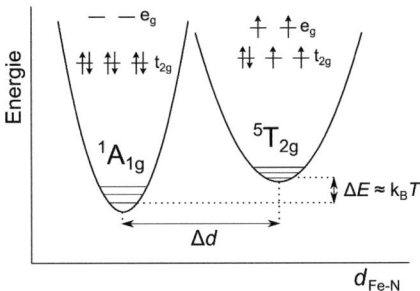

Abbildung 1.3.: Qualitative Darstellung der Potentialkurven für die am SCO beteiligten Zustände für einen oktaedrischen Fe{N$_6$}-Komplex, aufgetragen gegen den Fe–N-Abstand.

Spin-Crossover-Typen

Der Ablauf eines thermisch induzierten Spin-Crossovers kann in verschiedene Typen eingeteilt werden, die in Abbildung 1.4 skizziert sind. Aufgetragen ist die Temperatur gegen den HS-Anteil γ_{HS}. Im Fall a) liegt ein gradueller SCO mit schwacher Kooperativität vor, wie er z. B. in Lösungen beobachtet wird. Der Übergang erstreckt sich über einen weiten Temperaturbereich, wobei die Besetzung des HS-Zustandes gemäß der Boltzmann-Statistik erfolgt. Die Teilabbildung b) zeigt einen abrupten Spinübergang, der auf hohe Kooperativität zurückzuführen ist. In c) weist der Verlauf zusätzlich eine Hysterese auf, üblicherweise geht dieser Verlauf mit einem kristallographischen Phasenübergang einher. Im Hinblick auf das Speichern von Informationen sind Spin-Crossover mit breiter Hysterese besonders wünschenswert.

Der Begriff der Kooperativität beinhaltet im Festkörper sowohl die intermolekularen Elektron-Phonon-Wechselwirkungen schaltender Komplexmoleküle untereinander (short-range) als auch die elastischen Wechselwirkungen im Kristallgitter (long-range). Der Spinübergang und die damit verbundene Volumenzunahme eines Komplexmoleküls kann im Festkörper als Punktfehler betrachtet werden, der einen lokalen Druck (*image pressure*) ausübt und sich so via Phonon-Wechselwirkung fortpflanzt und den Spin-Crossover im gesamten Kristall beschleunigt.[50] Experimentell wurde der Effekt von Kooperativität durch Metallverdünnungs-Experimente belegt, indem Eisen(II) im Festkörper sukzessive durch Zink(II) ersetzt wurde. Je höher der Zinkanteil, desto weniger kooperativ und desto stärker Boltzmann-artig wurde das Spinübergangsverhalten. [58]

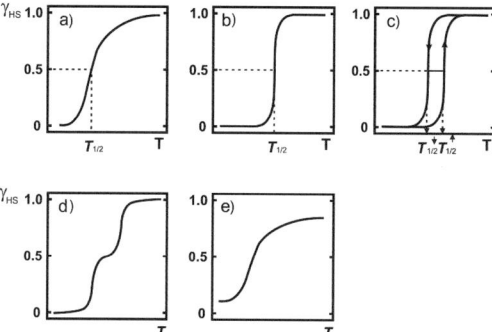

Abbildung 1.4.: Verschiedene Spin-Crossover-Typen. Abbildung übernommen aus *Comprehensive Coordination Chemistry*. [59]

In Lösung wurde der Spin-Crossover an deutlich weniger Verbindungen beobachtet[60] und ist normalerweise nicht kooperativ. Inzwischen werden jedoch Anstrengungen unternommen, um den SCO auch außerhalb von Festkörper-Phänomenen zu verstehen und zu steuern.[61] Angemerkt sei, dass besonders in donierenden Lösungsmitteln[62,63] wie z. B. Wasser[64] offenbar der LS-Zustand favorisiert ist.

Eine weitere Schaltmöglichkeit ist optischer Natur und wird als LIESST-Effekt bezeichnet (*light-induced excited spin-state trapping*). Bei hinreichend niedrigen Temperaturen kann ein LS-Komplex durch Licht in den metastabilen HS-Zustand überführt werden und umgekehrt. Erwähnenswert ist an dieser Stelle ein alternativer Typ lichtinduzierter Spinübergänge, der ligandengetrieben abläuft. Eine quadratisch-planare LS-Nickel-Porphyrinverbindung mit einem *cis*/*trans*-schaltbaren azogebundenen Pyridin-Seitenarm kann durch Licht und resultierende axiale Koordination in eine quadratisch-pyramidale HS-Variante geschaltet werden.[65]

Nachweis des Spin-Crossovers

Die drastische Änderung der Moleküleigenschaften im Zuge eines SCO-Prozesses kann mithilfe einer Reihe von Methoden detektiert werden,[66] von

9

denen hier nur eine Auswahl besprochen werden soll. Klassisch wird die Temperaturabhängigkeit durch magnetometrische Messungen, heutzutage mit dem SQUID (*superconducting quantum interference device*) untersucht. Der Wechsel vom diamagnetischen LS-Fe^{II} zum paramagnetischen HS-Fe^{II} lässt sich gut verfolgen und das Maß an Kooperativität ist sofort ersichtlich. Die magnetische Messung (als *bulk*-Methode) allein ist jedoch nicht hinreichend, um den Prozeß auf molekularer Ebene zu belegen.

Die Mößbauer-Spektroskopie erlaubt einen detaillierten Einblick in die Veränderung in der direkten Umgebung der Eisenionen. HS-Fe^{II} ist mit seiner relativ großen Quadrupolaufspaltung ($\Delta E_Q \approx$ 2–3 mm/s) und Isomerieverschiebung ($\delta \approx 1$ mm/s) normalerweise gut von LS-Fe^{II} ($\Delta E_Q \leq 1$ mm/s und $\delta \leq 0.5$ mm/s) unterscheidbar.[50]

Die dritte Methode, die den Spinübergang sichtbar macht und die strukturellen Effeke verdeutlicht, ist die Kristallstrukturanalyse. Wie oben bereits beschrieben, bewirkt die Besetzung der antibindenden e_g-Orbitale eine Verlängerung der Fe–N-Bindung um etwa 10 %. Dies ist nicht der einzige Effekt: Im HS-Zustand wird eine größere Verzerrung der Oktaedersymmetrie beobachtet und es resultieren größere Abweichungen von den idealen Winkeln von 90° und 180° (Details s. u. anhand der Beispiele). Naturgemäß ist das gesamte Komplexmolekül inklusive Liganden und Komplex-Peripherie in den Übergang involviert, was sich ebenso, z. B. durch die Röntgenstrukturanalyse visualisieren lässt. Der Spinübergang LS→HS wird zudem von einer Volumenzunahme (3–4 %) der Elementarzelle begleitet. Ein kristallographischer Phasenübergang kann, muss aber nicht stattfinden.

Beispiele

Unter der Vielzahl der bis heute bekannten SCO-Verbindungen finden sich Vertreter verschiedenster Komplextypen. Diese reichen von relativ kleinen mononuklearen über dinukleare und oligonukleare Komplexe (z. B. Gitterkomplexe, s. u.) bis zu Koordinationspolymeren und Nanopartikeln. Der überwiegenden Anzahl dieser Komplexe ist das {N_6}-Koordinationsmotiv gemein. Die meisten einkernigen Komplexe enthalten Chelatliganden, häufig dreizähnige. Diese lassen sich in *facial* (z. B. Tris(pyrazolyl)-borat oder -methan sowie tacn) oder *meridional* (z. B. Terpyridine) koordinierende Chelatliganden unterscheiden.

Beispielhaft sollen hier Eisen(II)-Komplexe mit 1-bpp-Liganden (2,6-Bis(pyrazol-1-yl)pyridin) vorgestellt werden (Abbildung 1.5). Diese sind bereits gut auf ihre Spin-Crossover-Eigenschaften hin untersucht[67] und passen aufgrund der Kombination der Heterocyclen Pyridin und Pyrazol gut zu den in dieser Arbeit untersuchten Komplexen. In einer Reihe von Arbeiten von *Halcrow* et al. wurden derartige [Fe(1-bpp)$_2$]$^{2+}$-Komplexe auf ihre Struktur-Funktions-Zusammenhänge untersucht.[68,69] Der Spinzustand ist eng mit dem Maß an oktaedrischer Verzerrung verknüpft. Viele der [Fe(1-bpp)$_2$]$^{2+}$-Komplexe verbleiben bei Abkühlung im HS-Zustand, was offenbar auf die ungewöhnlich starke Verzerrung zurückzuführen ist, die in diesem Fall auf dem Jahn-Teller-Effekt beruht.[70] Zur Quantifizierung dieser Verzerrung werden die Winkel in Abbildung 1.5 (rechts) herangezogen. Der Winkel φ (*trans*-N^{py}–Fe–N^{py}) beschreibt den „Knick" am Eisenatom (angegeben $< 180°$). Der Winkel θ ($< 90°$) gibt die Verdrillung der Ligandenebenen (Drehung um die Fe–N^{py}-Achse eines Liganden) gegeneinander an. Bei [Fe(1-bpp)$_2$]$^{2+}$-Derivaten werden $\varphi = 155-180°$ und $\theta = 60-90°$ beobachtet.[69] Ein exakterer Ansatz wird mit der CSM-Methode (*continuous symmetry measures*) verfolgt.[71–73] Demzufolge liegt jede Koordinationsumgebung in einer Zwischengeometrie vor, deren Abweichungen von den verwandten idealen platonischen Körpern berechnet wird.[1] Für ML$_6$-Systeme sind dies der Oktaeder und das ideale Trigonale Prisma. Das jeweilige Symmetriemaß wird als S(Oh) bzw. S(itp) bezeichnet. Je kleiner dieser Wert (0–100) ist, desto näher ist die Struktur am Ideal. Es konnten so mehrere Parameter (z. B. Oktaederhaftigkeit (*octahedricity*), Bisswinkel, Bindungsabstände, Temperatur, magnetisches Moment) auch im Zusammenhang mit SCO-Verbindungen miteinander korreliert werden.[74]

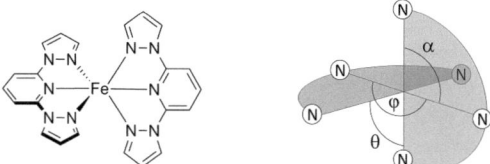

Abbildung 1.5.: Links: Schematische Struktur eines [Fe(1-bpp)$_2$]-Komplexes. Rechts: Darstellung der für die oktaedrische Verzerrung relevanten Winkel in Komplexen mit Bis-terpy-Koordination.

---

[1]CSM-Programm zur Berechnung frei verfügbar auf http://chirality.ch.huji.ac.il

Mehrkernige Verbindungen

Neben den einkernigen SCO-Verbindungen wurden besonders in den vergangenen zehn Jahren gezielt mehrkernige Komplexe untersucht, mit dem Ziel, die Kooperativität zu steigern und besser zu verstehen.[52,75] Zweikernige Komplexe sind das einfachste System, anhand dessen die intramolekulare Kooperativität und die mögliche Synergie zwischen magnetischer Austauschkopplung und dem Spin-Crossover untersucht werden kann. Über eine Brückeneinheit ist es möglich, den Abstand zweier Metallzentren einzustellen. Die ersten Komplexe enthielten 2,2'-Bipyrimidin als Brückenliganden für zwei Eisenzentren (Abbildung 1.6, links) und wurden v. a. von *Real* et al. umfassend untersucht.[76] Desweiteren sollen die Arbeiten von *Kaizaki*,[77–83] *Brooker*[84] und *Murray*[85–87] erwähnt werden, die pyrazolbasierte Brückenliganden verwendet haben (Abbildung 1.6, rechts). In vielen Fällen verläuft die Spinübergangskurve über einen LS-HS-Zwischenzustand, der eingehend untersucht wurde, um der Kooperativität auf den Grund zu gehen.[88]

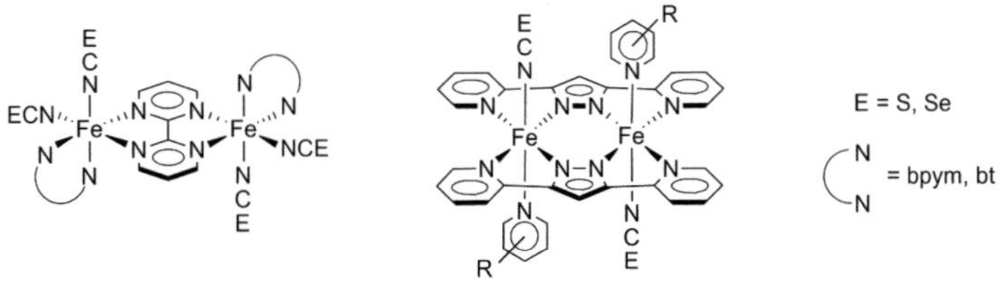

Abbildung 1.6.: Ausgewählte Beispiele für zweikernige Spin-Crossover-Komplexe. Links: Bipyrimidin-verbrücktes System von *Real* und *Gütlich*. Rechts: Verbrückung durch 3,5-Bis(2-pyridyl)-pyrazol von *Kaizaki*. R bezeichnet verschiedene Substitutionsmuster. bpym = 2,2'-Bipyrimidin, bt = 2,2'-Bithiazolin.

Weitere mehrkernige Spin-Crossover-Komplexe mit diskreter Nuklearität sind [2 × 2]-Gitterkomplexe und molekulare Quadrate, die als besonders wichtiger Teil der vorliegenden Arbeit im zugehörigen Kapitel besprochen werden sollen (Kapitel 4).

1.3. Supramolekulare Chemie – Gitterkomplexe

Die supramolekulare Chemie, von *Lehn* (Nobelpreis für Chemie 1986) auch als Chemie jenseits des Moleküls (*Chemistry beyond the molecule*[89]) bezeichnet, beschäftigt sich mit den nichtkovalenten Wechselwirkungen. Diese beinhalten neben Ion-Ion- (200–300 kJ/mol), Ion-Dipol- (50–200 kJ/mol) und Dipol-Dipol-Wechselwirkungen (5–50 kJ/mol) auch Wasserstoffbrücken (4–120 kJ/mol), π–π-Wechselwirkungen (0–50 kJ/mol), *van-der-Waals*-Kräfte ($<$ 5 kJ/mol) und hydrophobe Wechselwirkungen.[90] In der Natur sind derartige Wechselwirkungen zum Aufbau komplexer Systeme allgegenwärtig[91] und bilden beispielsweise die Grundlage von molekularer Erkennung und Wirt-Gast-Systemen.[92,93] Dieser noch recht junge, interdisziplinäre[94] Forschungszweig[95] kann als eine Brücke zwischen Molekülchemie und Nanotechnologie gesehen werden.[96] In der synthetischen Chemie macht man sich die Prinzipien von Präorganisation und Selbstaggregation (*self-assembly*) zunutze, um aus molekularen Bausteinen gezielt funktionelle Architekturen herzustellen.[97] Die Bindungen in Metallkomplexen werden – obwohl zum Teil kovalent – auch zu den nichtkovalenten Wechselwirkungen (oben unter Ion-Dipol- oder Ion-Ion-Wechselwirkungen klassifiziert) gezählt. Koordinationsverbindungen sind durch ihre vielfältige Geometrie und ihre steuerbaren physikalischen Eigenschaften besonders wertvolle Bausteine zur Realisierung von Funktionalität. Eine besonders vielversprechende Klasse von Molekülen ist die der Gitterkomplexe, in deren Chemie im Folgenden eingeführt werden soll.

Die in den vorangegangenen Kapiteln besprochene Verwendung von Metallkomplexen als nanoskalige elektronische Bauteile stellt verschiedene Anforderungen an die Molekülstruktur. Adressierbarkeit setzt – ähnlich wie in klassischen Speichermaterialien – eine zweidimensionale matrixartige Anordnung der Informationsträger voraus. Eine Komplexklasse, die diesem Anspruch besonders nahe kommt, ist die der Gitterkomplexe. Die Bildung solcher Komplexe erfolgt meistens in einer Eintopfreaktion über einen *self-assembly*-Prozess aus Metallionen und starren Chelatliganden, die mindestens über zwei Bindungspositionen verfügen, also ditop sind. Besonders häufig dienen N-Heterocyclen als Untereinheiten solcher Chelatliganden. In den meisten Fällen beinhalten diese Komplexe Metallionen mit bevorzugt tetraedrischer oder oktaedrischer Koordinationsumgebung. Die Koordinationsgeometrie erfordert eine orthogonale Anordnung zweier Liganden, ein Aufbaualgorithmus, der letztlich häufig zu stabilen und koordinativ abgesättigen Komplexen hoher Symmetrie führt. 2n Liganden mit n Bindungstaschen bilden mit n^2 Metallionen Gitterkomplexe des Typs [n × n]. Neben diesen quadratischen homoleptischen Gitterkomplexen (n = 2–5) wurden auch rechteckige heteroleptische [n × m] Gitterkomplexe publiziert. Vom energetischen Standpunkt aus ist die Bildung von Gitterkomplexen bevorzugt. Der Aufbau erfolgt kooperativ: Durch die hohe Präorganisation der starren Chelatliganden, die noch zusätzlich durch aromatische Systeme wenig geometrischen Spielraum zulassen (außer Torsion der Ringe gegeneinander, s. u.), wird die geschlossene Gitterformation gegenüber der Bildung von vernetzten Oligo- oder Polymeren favorisiert. Oligo- und Polymere sind zudem sowohl enthalpisch als auch entropisch benachteiligt, da nicht alle Bindungsstellen besetzt sind (sticky ends) bzw. insgesamt weniger diskrete Teilchen gebildet werden. Wasserstoffbrücken und π–π-Wechselwirkungen der koplanaren Ligandenstränge bewirken eine zusätzliche Stabilisierung der Gitterstruktur.

Geeignete Liganden

Trotz aller Präorganisation der Liganden muss eine gewisse Energie aufgewendet werden, um die für die Komplexbildung notwendige all-*cis*-Konformation bezüglich der Donoratome zu erreichen (Abbildung 1.7). Im freien Zustand ist für verknüpfte Ringe der all-*trans*-Zustand am energieärmsten, da sich die polarisierten Stickstoffatome ausweichen. Rechnungen für 2,2'-Bipyridin haben ergeben, dass für die Konformationsänderung eine Energie von 25-30 kJ/mol überwunden werden muss (abhängig von Lösungsmittel und pH-Wert).[98] Für die oktaedrische Komplexierung eines Metallions durch zwei terpy-Einheiten kann so eine Energie von etwa 100 kJ/mol abgeschätzt werden, die durch die bei der Komplexbildung freiwerdende Energie ausgeglichen werden muss.

Anfänglich kamen fast ausschließlich polytope N-Donor-Liganden zum Einsatz. Meist handelte es sich um Pyrimidin-verbrückte Polypyridyl-Liganden. Pionierarbeiten zu solchen Gitterkomplexen wurden von *Lehn* et al. publiziert. Später wurden von *Thompson* et al. wichtige Fortschritte mit hydrazonbasierten N/O-Donor-Liganden erreicht.[99,100] Die Chemie der Gitterkomplexe wurde stetig weiterentwickelt, so dass heute eine Vielfalt spannender Moleküle bekannt ist. Neben den einfachsten Vetretern, den [2 × 2]-Gitterkomplexen (Näheres s. u.)

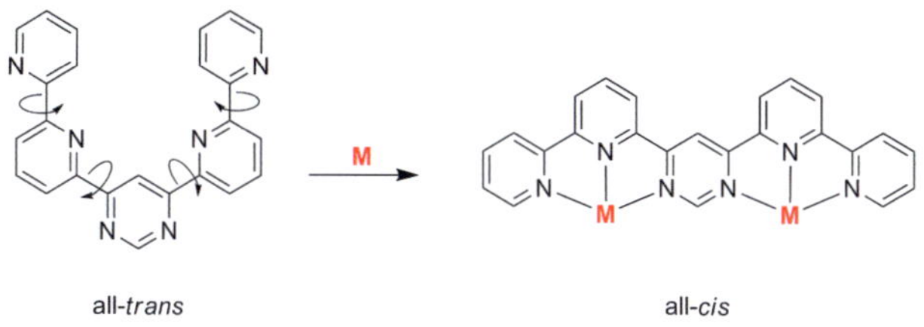

all-*trans*   all-*cis*

Abbildung 1.7.: Die Komplexbildung setzt eine Konformationsänderung (all-*trans* zu all-*cis*) der Liganden voraus. Die 180°-Drehung um eine py–py-Bindung erfordert etwa 25–30 kJ/mol.

wurden die Systeme vor dem Hintergrund der Deposition auf Oberflächen immer weiter vergrößert, zunächst durch Ausdehnung der Liganden. Auf diese Weise wurden höherdimensionale quadratische Gitter[101,102] der Typen [3 × 3], [4 × 4] und [5 × 5] sowie rechteckige [2 × 3]-Gitter[103] publiziert. Die Synthese weiter ausgedehnter Systeme dürfte jedoch aufgrund von abnehmender Löslichkeit und steigender Gesamtladung der Komplexe problematisch werden. Eine Auswahl findet sich in mehreren Übersichtsartikeln.[99,104–106]

[2 × 2]-Gitterkomplexe

Die einfachste Variante solcher Komplexe sind die [2 × 2]-Gitterkomplexe, die den Schwerpunkt dieser Arbeit darstellen. Der schematische Aufbauprozess ist in Abbildung 1.8 gezeigt. Vier Liganden (dargestellt als schwarze Balken) und vier Metallionen (Kugeln) spannen ein Quadrat aus Metallpunkten auf. Für tetraedrische Koordinationsverbindungen werden demnach ditop-zweizähnige Liganden benötigt, für oktaedrische ditop-dreizähnige, deren {N$_3$}-Taschen jeweils einen Meridian des Oktaeders besetzen. Als Vorbilder für diesen Bindungsmodus dienten für viele Gitter-Systeme das bekannte bpy- bzw. terpy-Motiv, deren Komplexchemie gut untersucht ist.

Der erste [2 × 2]-Gitterkomplex wurde Anfang der 1990er Jahre von *Youinou* et al. publiziert; es handelte sich um einen Cu$_4^{I}$-Komplex mit 3,5-Bis(2-pyridyl)-pyridazin.[107] Im Cyclovoltammogramm zeigte dieser vier aufeinanderfolgende reversible Reduktionsprozesse, was die beachtliche Redox-Vielfalt solcher Komplexe aufzeigt. Neben weiteren [2 × 2]-Gitterkomplexen mit den tetradrisch koor-

dinierten Metallionen Cu^I, Ag^I, Zn^{II} wurden vor allem Gitterkomplexe mit oktaedrisch koordinierten Metallionen entwickelt. Dies gelang mit einer Reihe von
3d-Metallen (Mn^{II}, Fe^{II}, Co^{II}, Ni^{II}, Cu^{II}, Zn^{II}, Cd^{II}), aber auch mit 4d-Metallen
(Ru^{II}, Os^{II}) und Hauptgruppenmetallen (Pb^{II}).

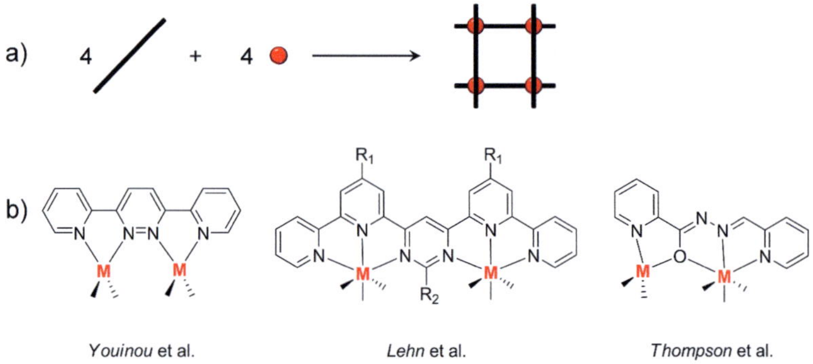

Abbildung 1.8.: Gitterkomplexe: a) Schema zur Gitterbildung aus Liganden (schwarze
Balken) und Metallionen (rote Kugeln). b) Vertreter der wichtigsten Ligandenklassen
mit Bis(bidentat)- und Bis(tridentat)-Motiv (homoditop); rechts ein heteroditoper Ligand.

Die Reaktionsverläufe,[104,108] mögliche Nebenprodukte[109] und Lösungsmittel-
abhängigkeit[110] bei der Bildung von Gitterkomplexen sind gut untersucht.

Viele Gitterkomplexe zeigen interessante Eigenschaften wie pH-
Abhängigkeit der optischen Eigenschaften,[111] Lumineszenz,[112] Redox-
Multistabilität,[104,112–114] Spin-Crossover[115–117] (detaillierte Diskussion der
bekannten Verbindungen in Kapitel 4) und vielfältige magnetische Kopplungs-
modi. Die allermeisten Gitterkomplexe enthalten antiferromagnetisch gekoppelte Metallzentren, ferromagnetisches Verhalten ist selten und wird dann meist
in Cu^{II}-Gittern aufgrund orthogonaler $d_{x^2-y^2}$-Orbitale beobachtet.[118–120] Eine
Ausnahme bildet ein gemischtvalentes $Mn_2^{II}Mn_2^{III}$-Gitter mit heteroditopen pyra-
zolbasierten Liganden.[121] Weitere Komplexe zeigten ferrimagnetisches[122–124]
oder metamagnetisches[125] Verhalten, selbst Einzelmolekülmagnete[126,127] finden sich unter den Gitterkomplexen, was ihre besondere Eignung als Bausteine
für die molekulare Informationsverarbeitung unterstreicht.

Molekulare Quadrate

Neben den oben beschriebenen [2 × 2]-Gitterkomplexen wurden auch eine Reihe „unechter" Gitter, sogenannte molekulare Quadrate publiziert, die ebenso spannende Eigenschaften aufweisen. Bei den meisten handelt es sich um eine diskrete molekulare Variante von Berliner-Blau-Analoga, die für ihre Schaltfähigkeit (Redoxzustände und Spinzustände, Magnetismus) bekannt sind.[128,129] Die quadratische Grundstruktur eines Komplexes der Formel $[Fe_4(\mu-CN)_4(L^{K1})_4(L^{K2})_2]^{4+}$ wird von vier Cyanidionen und vier Metallionen aufgespannt (Abbildung 1.9), die zusätzlich durch Kappenliganden wie bpy, bpym oder tpa abgesättigt werden. Bei den Metallionen kann es sich um vier Fe^{II} handeln, alternativ sind einige gemischtmetallische Varianten bekannt, bei denen meist zwei diagonal angeordnete Eisenionen durch Co^{II}, Cu^{II}, Mn^{II} oder Ni^{II} ersetzt sind.[130] Bekannt wurden speziell die gemischtvalenten $Fe_2^{II/III}Co_2^{III/II}$-Quadrate und ihre elektronische Vielfalt in Form von photoinduzierten Elektronentransfers,[131,132] Charge-Transfer-gekoppelten Spinübergängen[133] (CTIST) und Elektronentransfer gekoppelten Spinübergängen[134] (ETCST).

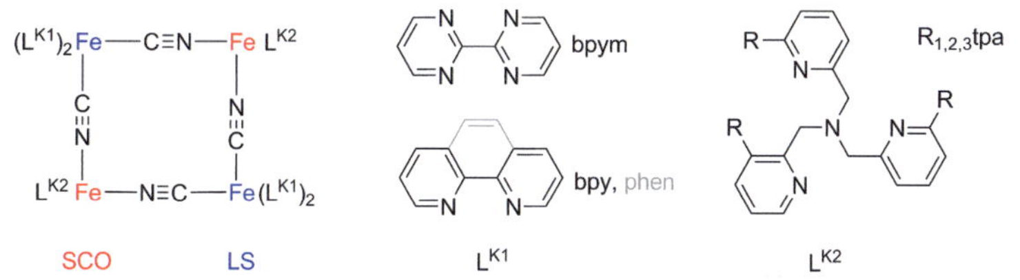

Abbildung 1.9.: Schematisches Eisen(II)-Quadrat. Für die $\{N_6\}$-koordinierten (roten) Eisenionen kann ein SCO beobachtet werden. Der tpa-Kappenligand kann H- und/oder Methyl-Reste enthalten.

In den Cyanid-verbrückten Fe_4^{II}-Quadraten sind aufgrund der Koordinationsumgebung ($Fe\{N_6\}$ vs. $Fe\{C_2N_4\}$) nur zwei potentielle Spin-Crossover-Zentren enthalten ($Fe\{N_6\}$), während die anderen beiden Eisenzentren ($Fe\{C_2N_4\}$) im LS-Zustand fixiert sind (Abbildung 1.9). Thermisch wurden sowohl zweistufige[135] als auch einstufige[136–138] SCO-Kurven (γ_{HS} vs. T) beobachtet.

Eine Variante bildet ein Fe_4-Quadrat, welches nicht durch Cyanid sondern durch Dicyanamid ($N(CN)_2^-$) verbrückt wird. So wird ein symmetrisches Quadrat aufgebaut, in dem sich alle Fe in der gleichen Umgebung befinden. Zwischen 100

17

und 400 K lassen sich alle vier LS-Fe^{II} in zwei Stufen und unter Solvat-Verlust in HS-Fe^{II} umwandeln.[139]

1.4. Adressierung von Molekülen

Parallel zu der rasch fortschreitenden Entwicklung funktioneller Moleküle mit beeindruckenden physikalischen Eigenschaften konnten auch in Bezug der Adressierung wichtige Fortschritte erreicht werden. Die Rastertunnelmikroskopie (*scanning tunneling microscopy*, STM) ist die Methode der Wahl, um auf Oberflächen aufgebrachte Moleküle in atomarer Auflösung zu untersuchen, deren elektronische Zustände zu identifizieren oder sogar zu beeinflussen.[140,141] Hervorzuheben sind hier einerseits die Untersuchungen an Einzelmolekülmagneten (SMMs)[142–145] und die Untersuchungen an Spin-Crossover-Verbindungen, deren Spinzustand von der Gruppe *Müller* durch STM sichtbar gemacht werden konnten.[146] Auch Gitterkomplexe und andere Supramoleküle wurden bereits auf Oberflächen untersucht.[147] Dazu werden hochgradig verdünnte Lösungen dieser Komplexe (10^{-8}–10^{-9} mol/L) langsam auf einer Graphitoberfläche (HOPG, *highly oriented pyrolytic graphite*) verdampft, die anschließend bei Raumtemperatur unter Atmosphärendruck mit STM und STS/CITS (*scanning tunneling spectroscopy/current imaging tunneling spectroscopy*) untersucht wird. Der erste entsprechend untersuchte Gitterkomplex war ein Co$^{II}_4$-[2 × 2]-Gitterkomplex. Je nach Präparation wurde entweder eine vollständige einlagige Belegung im Sinne einer zweidimensionalen Kristallisation[148,149] oder die Ausbildung vorwiegend mehrlagiger Komplexstränge sowie einzelne Moleküle auf der Oberfläche beobachtet.[150] An solchen freistehenden Molekülen konnten die Postionen der Metallionen durch ihre erhöhte Elektronendichte visualisiert und durch DFT-Rechnungen bestätigt werden. Ähnliche Untersuchungen liegen für Mn$^{II}_9$-[3 × 3]-Gitter vor.[151] Das wohl größte Gitter, welches auf Oberflächen aufgebracht und untersucht wurde, ist ein Mn$_{25}$-[5 × 5]-Gitter.[152]

18

2. Zielsetzung

Die außerordentlich aktive und immer noch fruchtbare Forschung an der weiteren *top-down*-Miniaturisierung elektronischer Bauteile bringt zwar immer wieder neue Superlative hervor, der Bedarf an neuartigen Materialien zur Verarbeitung von Information auf molekularer Ebene nach dem *bottom-up*-Ansatz ist dennoch offensichtlich. Diskrete Moleküle haben gegenüber metallischen oder einzelatomaren Strukturen einige Vorteile. Die Eigenschaften einzelner Moleküle sind gut verstanden und werden immer gezielter steuerbar. Moleküle können als funktionale Bausteine fungieren um übergeordnete Strukturen aufzubauen. Die synthetische organische und anorganische Chemie verfügt über die Werkzeuge, um sowohl die Funktionalität als auch den Aufbau ausgedehnter Architekturen im Sinne eines *self-assembly* zu steuern. In der vorliegenden Arbeit soll ein Beitrag zum weiteren Verständnis solcher funktionaler Bausteine geleistet werden. Das Augenmerk richtet sich dabei auf Multistabilität hinsichtlich Spin- und Redoxzuständen, also die Ansteuerung unterscheidbarer Zustände und deren Stabilisierung. Die gitterartige Struktur der behandelten Komplexe soll ein erster Schritt in Richtung zweidimensionaler Ausdehnung sein, die zur Zeit noch Voraussetzung ist, um Informationen zu schreiben und wieder auszulesen.

Obwohl bereits eine Reihe gut untersuchter und schon auf Oberflächen aufgebrachter Gittermoleküle veröffentlicht wurden, besteht weiter dringend Bedarf, diese hinsichtlich schaltbarer (Redox- und Spin-)Zustände weiterzuentwickeln. Die meisten in der Einleitung vorgestellten Systeme erfüllen zwar die strukturellen Voraussetzungen, lassen aber mehrere Voraussetzungen, besonders für die Anwendung als Zellen in QCA, vermissen. Viele Gitterkomplexe enthalten neutrale Liganden und damit eine hohe Gesamtladung der Komplexe. Eine vielfältige Redoxchemie wird so erschwert, höhere Oxidationszustände werden kaum noch stabilisiert. Das Spinübergangsverhalten bereits publizierter Komplexe zeigte sich meist unvollständig und nicht-kooperativ.

In dieser Arbeit sollen Pyrazol-basierte Ligandensysteme verwendet werden, um einen Schritt weiter in der Steuerung molekularer Multistabilität zu gehen. Pyrazol ist bekannt für seine Fähigkeit, Metallzentren in enge Nachbarschaft zu bringen und so kooperative Wechselwirkungen zu induzieren. Im verbrückten Metallkomplex liegt das Pyrazol deprotoniert als Pyrazolat vor, die beigesteuerte negative Ladung kann helfen, um höhere Oxidationsstufen zu stabilisieren. Das Projekt beinhaltet sowohl symmetrische als auch unsymmetrische Liganden. Das symmetrische Bis(terpy)-Motiv eignet sich besonders zur Bildung homonuklearer vierkerniger Komplexe. Besonders vielversprechend in dem Zusammenhang sind Eisenkomplexe, um sowohl Spin- als auch Redoxmultistabilität unterstützen zu können. Die unsymmetrischen Liganden sollen eine bpy-terpy-Kombination aufweisen und zur Synthese heteronuklearer vierkerniger Komplexe eingesetzt werden, beispielsweise die Kombination aus Kupfer und Eisen.

Die Komplexe können mit einer Reihe an unterschiedlichen Methoden auf ihre Funktionalität untersucht werden. Diese beinhalten magnetische Messungen, Mößbauer-Spektroskopie, sowie die Kristallstrukturanalyse und Cyclovoltammetrie. Darüber hinaus sind – mit Blick auf die Adressierbarkeit als weiteres Kriterium für die Anwendbarkeit – rastertunnelmikroskopische Untersuchungen der Komplexe auf Oberflächen höchst attraktiv.

Teil II.

Gitterkomplexe mit Eisen

3. Einführung in die Chemie von Eisen-Gitterkomplexen

Mehrkernige Eisenkomplexe mit Gitterstruktur sind besonders geeignete Kandidaten für molekulare Schaltbausteine. Eisen bietet die Möglichkeit, sowohl den Spin- als auch den Redoxzustand zu wechseln, ohne die Koordinationsumgebung stark zu verändern. Wie in der Einleitung beschrieben, wurden in den neunziger Jahren mehrere Gitterkomplexe mit verschiedenen Metallen publiziert, Eisen jedoch war nicht darunter. Der erste Fe_4^{II}-[2 × 2]-Gitterkomplex wurde im Jahr 2000 von *Lehn* und Mitarbeitern veröffentlicht.[153] Der graduelle thermische Spin-Crossover von 3[HS]-1[LS] auf 1[HS]-3[LS] im Temperaturbereich von 100 K bis 300 K wurde durch Mößbauer-Untersuchungen und SQUID-Magnetometrie belegt, zudem wurde bei diesem Molekül LIESST-Aktivität beobachtet. Der hierbei verwendete Pyrimidin-basierte Ligand (Abbildung 3.1 a)) mit bpy-Seitenarmen wurde mehrfach weiterentwickelt,[104,112,113,115,116,154] die resultierenden Fe_4^{II}-Gitter unterstützten den gesamten Bereich von 4[HS] bis 4[LS]. Eine signifikante Verbesserung, besonders bezüglich der Kooperativität des Spinübergangs, konnte nicht erreicht werden. Parallel zu diesen „echten" Gitterkomplexen wurden vierkernige, ans Berliner Blau angelehnte „molekulare Quadrate" (Abschnitt 1.3) synthetisiert, die – abhängig vom Kappenliganden – kooperative Spinübergänge aufweisen.[135,136] Durch die hier vorliegende CN-Verbrückung können diese allerdings nie vier Metallionen der gleichen Koordinationsumgebung enthalten. Verursacht durch die Unterschiede von {N_6} bzw. {N_5C}-Koordination können nur zwei der vier Eisenionen einen Spinübergang durchlaufen.

Eine andere Art der Multistabilität ist die Unterstützung mehrerer Redoxzustände. Entsprechende Gitterkomplexe sind als „Ladungscontainer" insbesondere in Zusammenhang mit QCA interessant. Für einige Gitterkomplexe wurde bereits die Unterstützung mehrerer elektronischer Spezies sowohl für die Oxidation als auch für die Reduktion gefunden.[113,155–157] Der meistens stufenweise Charakter im Oxidationsbereich ist eng an die Metall-Metall-Wechselwirkungen geknüpft und lässt Rückschlüsse auf die Oxidationssequenz zu. Für Fe_4-Gitter mit deprotonierbaren Hydrazonliganden (Abbildung 3.1 c)) wurden vier reversible paarweise Oxidationsprozesse beobachtet, was mit einer diagonalen Abfolge der einzelnen Oxidationen erklärt wurde.

Im Gegensatz dazu zeigen Gitterkomplexe mit Pyrimidinliganden (ohne Hydrazon-Funktion), wohl aufgrund der hohen resultierenden Ladung oxidierter Spezies, eher Multistabilität im Reduktionsbereich. Bemerkenswert ist die Redox-Vielseitigkeit von Co_4^{II}-Gittern, die stufenweise zwölf Redoxzustände stabilisieren. Der Verbleib der addierten Elektronen im Reduktionsbereich wurde ausgiebig untersucht.[158,159]

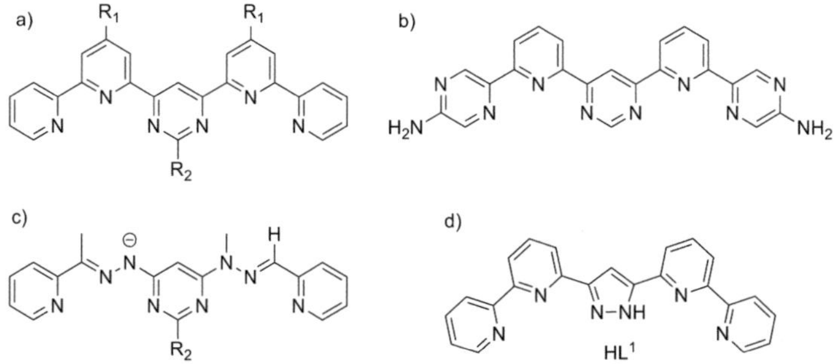

Abbildung 3.1.: Zur Gitterbildung eingesetzte Pyrimidin-Liganden a) und b), Hydrazonligand c) und in dieser Arbeit verwendeter Ligand **HL^1** d).

Pyrazolat-basierte Ligandensysteme zum Aufbau gitterartiger Strukturen wurden bislang noch recht wenig verwendet,[160] obwohl sie Vorteile mit sich bringen: Die Pyrazolat-Brücke ist in der Lage, zwei Metallzentren in enge Nachbarschaft zu bringen – eine Fähigkeit, die eine stärkere Wechselwirkung ermöglicht, sei diese magnetischer oder elektrochemischer Natur. Zudem wird durch das Pyrazolat eine negative Ladung eingebracht, welche höhere Oxidationsstufen stabilisieren kann und so eine vielseitigere Redoxchemie ermöglicht. Der hier verwendete homoditope Ligand HL^1 (Abbildung 3.1) wurde in der Arbeitsgruppe Meyer entwickelt und bereits zur Synthese von Mn^{II}-, Cu^{II}- und Co^{II}-Gitterkomplexen eingesetzt.[161] Zudem wurden vom Autor der vorliegenden Arbeit erste Ergebnisse im Bereich der Eisenchemie dieses Liganden erzielt.[162] Der Ligand besteht prinzipiell aus zwei bpy-Untereinheiten, die an 3- und 5-Position eines Pyrazol-Rings gebunden sind. Auf diese Weise entstehen im deprotonierten Zustand zwei terpy-artige Taschen, die wie im Prototypen Terpyridin zwei chelatisierende Fünfringe ausbilden. Dieses Motiv der Zusammensetzung bpy-pz ist aus einfachen monotopen Liganden bekannt[163,164] und wurde zur Komplexbildung mit diversen Metallen eingesetzt, mit Eisen jedoch noch nicht.

4. Ein doppelt multistabiler Eisen-Gitterkomplex 1

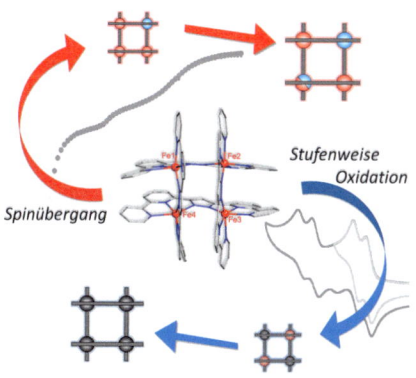

4.1. Synthese des Liganden HL^1

Die sechsstufige Ligandensynthese (Abbildung 4.1) wurde im Vergleich zur ursprünglichen Route[161] umfassend optimiert. Ausgehend vom kommerziell erhältlichen 2,2′-Bipyridin (**I**) als Startmaterial wurde das *N*-Oxid (**II**) synthetisiert. Dies erfolgte durch Oxidation mit H_2O_2 in TFA in sehr guten Ausbeuten, es wurde keine Bildung des Di-*N*-Oxids beobachtet. Die bekannte Prozedur[165] konnte auf bis zu 100 g (bzgl. Bipyridin) hochskaliert werden. In der zweiten Stufe erfolgte die Einführung der Cyano-Gruppe in 6-Position durch Reaktion des *N*-Oxids (**II**) mit einem Überschuss von TMS-CN und Benzoylchlorid in DCM. Das 6-Cyano-2,2′-Bipyridin (**III**) ist die Schlüsselsubstanz der Ligandensynthese: Ausgehend von dieser wurde einerseits das 6-Acetyl-2,2′-Bipyridin (**IV**) durch eine *Grignard*-Reaktion mit MeMgBr in THF dargestellt, andererseits der Methyles-ter des 6-Carboxy-2,2′-Bipyridins (**V**) durch basische Methanolyse mit NaOMe in Methanol. Insbesondere die hierauf folgende pseudo-*Claisen*-Kondensation von **IV** und **V** zum entsprechenden 1,3-Diketon konnte verbessert werden. Die höchs-te Ausbeute des 1,3-Diketons (**VII**) wurde erzielt, indem eine Lösung von **IV** zu einer warmen Suspension von **V** und NaOMe in geringer Menge absolutem 1,4-Dioxan gegeben wurde . Der Reaktionsverlauf wird durch die schlechte Löslich-keit des Produktes thermodynamisch begünstigt. Bei der Aufarbeitung muss auf den pH-Wert geachtet werden, da das Diketon sowohl protonierbar als auch de-protonierbar ist, in beiden Fällen geht es wieder in Lösung. Die 2-Position von 1,3-Diketonen kann nach Deprotonierung als Nucleophil reagieren und sollte so die Möglichkeit bieten, Derivatisierungen vorzunehmen und den Liganden sys-tematisch zu verändern. Für das vorliegende Systeme stellte sich dies jedoch als schwierig und nicht reproduzierbar heraus. Auf diese Möglichkeit wird später nochmals kurz eingegangen (Kapitel 6). Im letzten Schritt wird das Diketon mit Hydrazin in EtOH umgesetzt, wobei der Ligand HL^1 sauber erhalten wird.

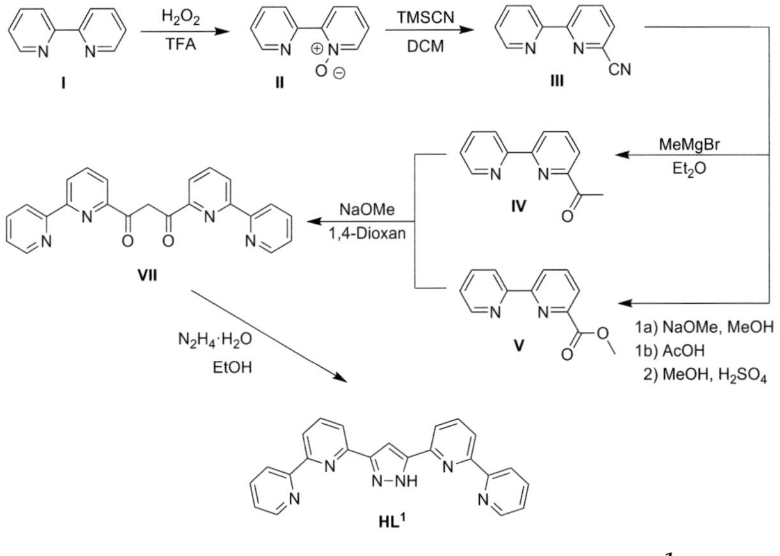

Abbildung 4.1.: Sechsstufige Syntheseroute zum Liganden HL^1.

4.2. Ein Eisen(II)-Gitterkomplex des [2 × 2]-Typs mit L^1

Komplexsynthese

Der Ligand HL^1 wird zunächst mit KO*t*Bu in DMF oder MeCN deprotoniert. Das Eisensalz $Fe(BF_4)_2 \cdot 6\,H_2O$ wird fest zu der gelben Lösung gegeben, dabei schlägt die Lösung sofort zu Tiefrot bis Schwarz um. Das Rohprodukt wird mit Diethylether gefällt und schließlich durch Säulenchromatographie (basisches Aluminiumoxid, EtOH/MeCN) gereinigt, wodurch man ein schwarzes Pulver erhält. Aufgrund der außerordentlichen Stabilität des Komplexes ist das Arbeiten unter Wasser- und Luftausschluss nach erfolgter Komplexsynthese nicht mehr erforderlich. Ein bislang nicht weiter charakterisiertes ebenso schwarzes Nebenprodukt kann mit MeCN eluiert werden. Kristallines Material wurde durch langsame Diffusion von Et_2O in eine Lösung des Komplexes in DMF erhalten. Schwarze Kristalle der Zusammensetzung $[Fe_4L^1_4](BF_4)_4 \cdot 4\,DMF$, die zur röntgenographischen Untersuchung geeignet waren, brachten die gitterartige Molekülstruktur zutage, die in Abbildung 4.2 gezeigt ist.

Strukturelle Eigenschaften

Die vier Fe^{II}-Ionen von $\mathbf{1}^{4+}$ befinden sich an den Ecken eines fast perfekten Quadrates (Abbildung 4.2 rechts) in stark verzerrt oktaedrischer {N₆}-Ligandenumgebung, die aus zwei orthogonalen Terpyridin-artigen Untereinheiten von jeweils zwei Ligandsträngen aufgebaut ist. Die unterschiedlichen Fe–N-Bindungslängen ermöglichen eine Unterscheidung zwischen HS-Fe^{II} und LS-Fe^{II}. Die übliche Spanne für LS-Fe^{II} reicht von 1.96–2.00 Å, die für HS-Fe^{II} von 2.16–2.20 Å.[57] Demnach befinden sich bei 133 K drei der Ionen im HS-Zustand (Fe1, Fe3, Fe4) und eines im LS-Zustand (Fe2, siehe Tabelle 4.1). Die Fe–N-Bindungslängen pro Eisenion weichen recht stark voneinander ab (Standardabweichung: 0.07 Å), bedingt durch die rigide terpy-Tasche. Der HS-Zustand geht mit einer stärkeren Verzerrung der oktaedrischen Struktur einher als der LS-Zustand. So weichen die durchschnittlichen N–Fe–N-Bindungswinkel für den HS-Fall um 14 % von denen des idealen Oktaeders ab, während die Abweichung im LS-Fall nur 9 % beträgt.

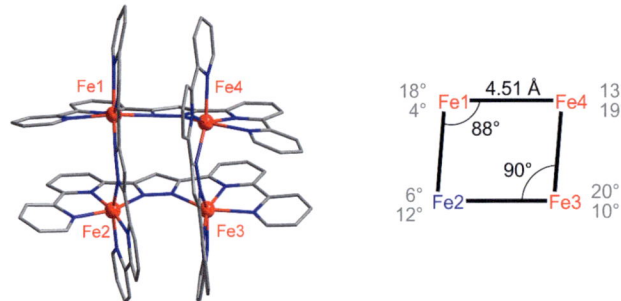

Abbildung 4.2.: Links: Molekülstruktur des Komplexes 1^{4+} ohne Lösungsmittel und Gegenionen bei 133 K (Eisen rot, Stickstoff blau Kohlenstoff grau). Rechts: Schema der Fe_4-Raute (HS rot, LS blau) mit Winkeln und mittlerer Seitenlänge. In grau ist die Torsion der terminalen Pyridinringe gegen den Pyrazolring desselben Liganden angegeben.

Zur Unterscheidung unterschiedlicher Spinzustände wurde eine zusätzliche kristallographische Untersuchung bei 233 K duchgeführt. Diese zeigt eindeutig einen LS-HS-Übergang für Fe2. Die mittleren Fe-N-Bindungslängen vergrößern sich dabei um Δd = 0.17 Å , was ein geläufiger Wert für die Bindungslängenänderung ist.[49] Naturgemäß ist das gesamte Molekül am Spinübergang beteiligt. So übt der starke strukturelle Wechsel an Fe2 – die Verzerrung steigt, der Bisswinkel des Liganden sinkt aufgrund des vergrößerten Abstands[67,74] – auch einen Effekt auf die verbleibenden drei Eisenzentren aus. Sichtbar wird dies in Abbildung 4.3, in der die Strukturen bei 133 K (blau) und 233 K (rot) überlagert wurden.

Die Auswirkung durch den SCO am Fe2 ist am größten, doch auch der Nachbareffekt ist sichtbar. Der Effekt des SCO ist für Fe4 geringer als für Fe1 und Fe3. Zur genaueren Charakterisierung des Nachbareffekts werden die CSM-Parameter (*continuous symmetry measures*, siehe Einleitung) $S(O_h)$ und $S(itp)$ herangezogen. Je kleiner der Wert (zwischen 0 und 100), desto näher ist die betrachtete Koordinationsgeometrie am idealen Polyeder. Die Symmetriemaße treffen eine quantitative Aussage über die Verzerrung und können auch mit dem Auftreten von Spin-Crossover korreliert werden.[74] Betrachtet man die Abkühlung von 233 auf 133 K, können aus den $S(O_h)$-Werten verschiedene Schlussfolgerungen gezogen werden (Tabelle 4.1). Das SCO-Zentrum Fe2 hat von vornherein einen deutlich niedrigeren Wert als die restlichen drei Eisenzentren. Dieser verringert sich im

Zuge des Spinübergangs zu LS-Fe^{II} naturgemäß auf einen kleineren Wert. Doch auch für Fe1 und Fe3 sinkt $S(O_h)$, für Fe1 sogar fast auf den 233 K-Wert für Fe2. Möglicherweise ist dies ein Hinweis auf Kooperativität innerhalb des Gitterkomplexes: Der erste Übergang schafft die strukturellen Voraussetzungen für den zweiten Übergang. Interessanterweise wird das gegenüberliegende Fe4 sogar etwas stärker verzerrt. Ist die Verzerrung zu stark, also zu weit von der LS-Geometrie entfernt, ist es möglich, dass das Eisenion im HS-Zustand „einrastet".[69] Die aromatischen Untereinheiten innerhalb eines Ligandstranges sind nicht koplanar, sondern deutlich gegeneinander verkippt. Als Maß wird der Winkel zwischen der zentralen Pyrazolebene und der Ebene der terminalen Pyridinringe angegeben (graue Werte in Abbildung 4.2 rechts), da diese meist besonders stark abweichen.

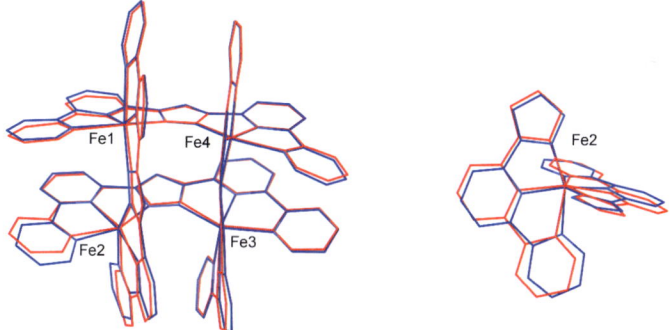

Abbildung 4.3.: Links: Überlagerung (erzeugt durch das Programmpaket chimera[166]) der Molekülstrukturen des Komplexes **1**$^{4+}$ bei 133 K (blau) und 233 K (rot). Rechts: Vergrößerter Ausschnitt des SCO-Atoms Fe2 in direkter Umgebung.

Tabelle 4.1.: Mittlere Fe – N-Bindungslängen für Komplex 1^{4+} bei 133 und 233 K.

		d_{mean}/Å	HS/LS	$S(O_h)$	$S(itp)$
133 K	Fe1 – N	2.17	HS	5.75	7.97
	Fe2 – N	1.99	LS	2.81	9.21
	Fe3 – N	2.18	HS	6.16	7.50
	Fe4 – N	2.19	HS	6.49	7.02
	Fe··· Fe	4.51			
233 K	Fe1 – N	2.18	HS	6.23	7.36
	Fe2 – N	2.16	HS	5.57	7.57
	Fe3 – N	2.18	HS	6.63	7.25
	Fe4 – N	2.18	HS	6.35	7.12
	Fe··· Fe	4.47			

Magnetische Eigenschaften

Die Suszeptibilitätsmessungen wurden am SQUID-Magnetometer an kristallinem Material durchgeführt. Es wurden zwar unterschiedliche Ergebnisse für
einen einzelnen Kristall und ein Kristallensemble erhalten, grundsätzlich bleibt
der Verlauf des Produktes $\chi_M T$ jedoch sehr ähnlich. Die Temperaturabhängigkeit $\chi_M T$ für den Komplex im Bereich von 300–5 K kann in drei Bereiche unterteilt werden. Abkühlung von 300 auf 140 K führt zu einer Abnahme von $\chi_M T$
(14.3 auf 10.7 cm^{3}Kmol^{-1}), was durch einen thermischen SCO eines der vier Fe^{II}
($S = 2 \rightarrow S = 0$) verursacht wird. Die $\chi_M T$ -Werte bei 300 K und 140 K stimmen
gut mit den Erwartungswerten für ungekoppelte Spins (vier bzw. drei Metallionen mit $S = 2$) überein. Unterhalb dieser Temperatur sinkt $\chi_M T$ weiter, bis ein
Plateau (60 bis 80 K) auf dem Level von etwa 9.0 cm^{3}Kmol^{-1} erreicht wird. Dieser
Abschnitt kann einem partiellen SCO eines zweiten Fe^{II} zugeschrieben werden.
Es bleibt ungeklärt, warum die zweite SCO-Stufe nicht vollständig abläuft.

Der steile Abfall der Kurve auf 4.0 cm^{3}Kmol^{-1} bei weiterem Abkühlen lässt sich
durch zwei Phänomene erklären: Einerseits durch Nullfeldaufspaltung sowohl
für die [2HS-2LS]- als auch die [3HS-1LS]-Form, verursacht durch die enthaltenen
Eisenionen mit $S = 2$. Andererseits durch schwache antiferromagnetische Aus-

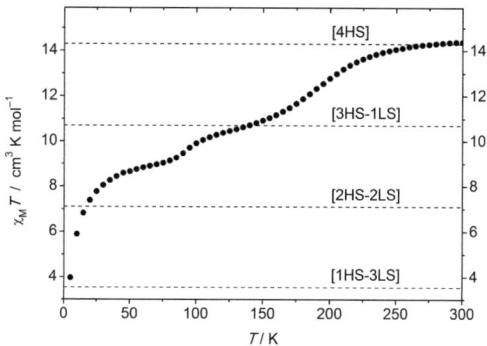

Abbildung 4.4.: Temperaturabhängigkeit von $\chi_M T$ für Komplex **1⁴⁺**. Die Erwartungswerte (mit $g = 2.1$ und $S = 2$) für die verschiedenen Spinkonfigurationen sind gestrichelt dargestellt.

tauschkopplung – in den meisten pyrazolatverbückten Gitterkomplexen wird antiferromagnetische Kopplung beobachtet[160,161,164,167] – , die zwischen den verbleibenden HS-Fe^{II} in der [3HS-LS]-Form vorliegt. Offenbar tragen beide Effekte zum Abfall von $\chi_M T$ bei, wie in Abbildung 4.5 illustriert ist. Die Kurven zeigen, dass nur die kombinierte Anpassung[168] (Abbildung 4.5 b) und c)) mit Nullfeldaufspaltung (D) und antiferromagnetischer Kopplung (J) gut mit den experimentellen Daten übereinstimmt (J = –0.4 cm⁻¹, D =–6.4 cm⁻¹. Im Vergleich dazu sind der „D-only"-Fall (grüne Kurve) und der „J-only"-Fall (blaue Kurve) abgebildet. Folgender Heisenberg-Dirac-van-Vleck-Operator wurde unter Vewendung von Termen für Austauschkopplung, Nullfeldaufspaltung und Zeeman-Aufspaltung zur Anpassung verwendet:

$$\hat{\mathcal{H}} = -2J(\hat{S}_1 \cdot \hat{S}_2 + \hat{S}_2 \cdot \hat{S}_3) + \sum_i \hat{D}_i(\hat{S}_{z,i}^2 - 1/3\hat{S}_i(\hat{S}_i + 1)) + g\mu_B B \sum_i \hat{S}_{z,i}$$

Die magnetischen Eigenschaften sind für jede Kristallprobe etwas unterschiedlich, dies mag mit der Größe der Kristalle oder mit dem teilweisen Lösungsmittelverlust zusammenhängen. Neben der zuvor diskutierten Messung soll Abbildung 4.5 a) einen Eindruck vermitteln, wie die Messungen von der Art der

Probe abhängen.

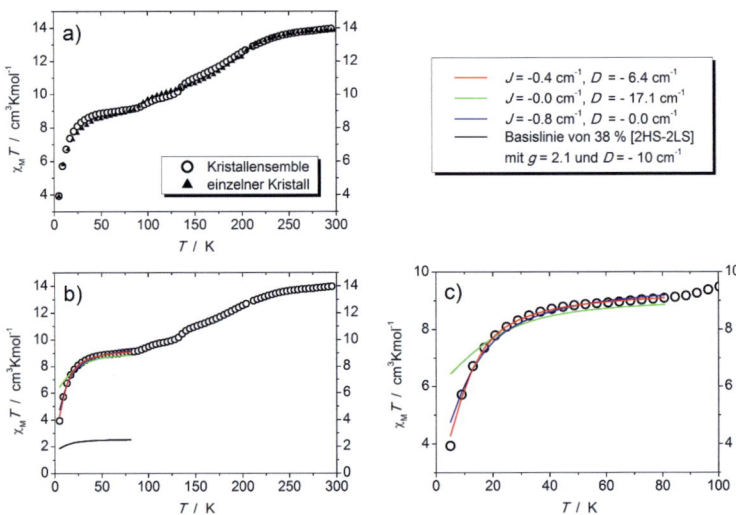

Abbildung 4.5.: Details aus den Magnetmessungen für 1^{4+}. a) Vergleich zweier unterschiedlich präparierter Proben, b) Verschiedene Anpassungen, unter Festhalten einzelner Parameter, c) Vergößerung des angepassten Bereichs.

Mößbauer-Spektroskopie

[57]Fe-Mößbauer-Spektren von $[Fe_4L_4^1](BF_4)_4 \cdot 4\,DMF$ wurden bei sieben verschiedenen Temperaturen zwischen 295 und 5 K aufgenommen (Übersicht siehe Tabelle 4.2). Bei Raumtemperatur wird nur ein Quadrupol-Dublett mit typischen Parametern für HS-Fe[II] beobachtet. Dies bestätigt in Übereinstimmung mit den strukturellen Ergebnissen und Suszeptibilitätsdaten das Vorliegen der [4HS]-Spezies (grünes Unterspektrum in Abbildung 4.6). Beim Abkühlen erscheint ein zweites Dublett (blaues Unterspektrum), welches bei 133 K auf einen Wert von 29 % angewachsen ist. Dies entspricht (unter Berücksichtigung des höheren *Lamb-Mößbauer*-Faktors für LS-Fe[II]) dem HS-LS-Übergang eines einzelnen Eisenions. Die Dubletts für die verbleibenden HS-Fe[II] werden im Zuge dessen etwas stärker aufgespalten (rotes Unterspektrum), wahrscheinlich aufgrund der

strukturellen Verzerrung des Gitters beim SCO. Die Spektren bei intermediären Temperaturen (220 und 190 K) belegen die Koexistenz der zwei Formen ([4HS] und [3HS-1LS]). Unterhalb 133 K sinkt der HS-Anteil weiter, stagniert jedoch bei einem relativen Populationsverhältnis von 66:34 bei 80 K und 65:35 bei 5.2 K. Dies entspricht einem Anteil von 38 %[1] der [2HS-2LS]-Spezies, dessen Mößbauer-Parameter nicht signifikant von denen der [3HS-1LS]-Spezies abweichen. Bislang wurde außer Acht gelassen, dass sich auch die einzelnen HS-Fe^{II} der [3HS-1LS]-Konfiguration in mindestens zwei HS-Sorten (dem LS-Fe^{II} benachbart oder gegenüber) differenzieren lassen. Dies wurde in einer weiteren Anpassung berücksichtigt (siehe Anhang).

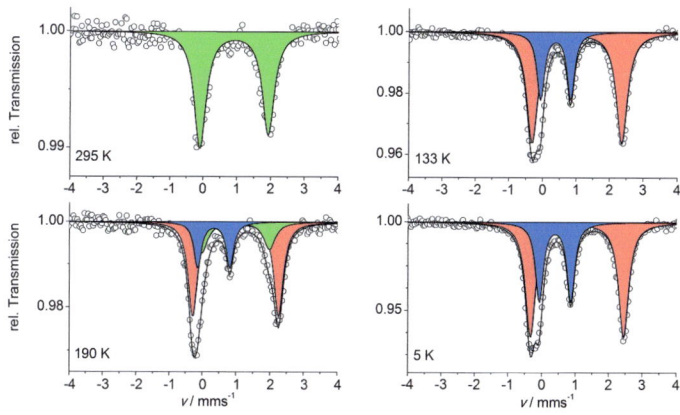

Abbildung 4.6.: Mößbauer-Spektren von Komplex 1^{4+} bei ausgewählten vier (von sieben gemessenen) Temperaturen. Grün: HS in [4HS]; Rot: HS in [3HS-1LS] und [2HS-2LS]; Blau: LS in [3HS-1LS] und [2HS-2LS].

Vergleichend wurden Mößbauer-Spektren in gefrorener Lösung (80 K, 50 mmol/L in DMF) aufgenommen (Abbildung 4.7). Obwohl das Spektrum sich von denen im Festkörper unterscheidet, lassen sich HS-Fe^{II} und LS-Fe^{II} eindeutig zuordnen und liegen hier im Verhältnis 1:1 vor. Die Mößbauer-Parameter weichen kaum von denen

---

[1]Dieser errechnet sich durch folgende Überlegung: $x \cdot 0.5 + (1 - x) \cdot 0.75 = 0.655$.
0.655 (der mittlere gemessene HS-Anteil bei 80 und 5.2 K) setzt sich aus dem Anteil x der [2HS–2LS]-Spezies (HS-Gewicht 0.5) und dem Anteil y (= $1 - x$) der [3HS–1LS]-Spezies (HS-Gewicht 0.75) zusammen.

der [3HS-1LS]-Konfiguration in kristalliner Form ab (HS-Fe^{II}: δ = 1.06 mms^{-1}, ΔE_Q = 2.83 mms^{-1}; LS-Fe^{II}: δ = 0.35 mms^{-1}, ΔE_Q = 1.01 mms^{-1}). In Lösung wird anscheinend der LS-Zustand favorisiert. Der gleiche Effekt wurde für andere SCO-Verbindungen in donierenden Lösungsmitteln beobachtet (siehe Abschnitt 1.2.2), als Auslöser dafür wurden Wasserstoffbrücken zwischen Lösungsmittel und Liganden oder eine Verschiebung des Dissoziationsgleichgewichts beschrieben.[62,63,169] Letzteres ist für den vorliegenden Komplex nicht zu erwarten, da in gefrorener Lösung keine Gleichgewichtsreaktionen stattfinden. Auch Wasserstoffbrücken sind angesichts der neben dem Komplexkation in Lösung vorliegenden Tetrafluoroborat-Ionen und der DMF-Moleküle nicht anzunehmen. Andersherum formuliert könnte die Verringerung der Ligandenfeldstärke als Festkörperphänomen gesehen werden.

Eine schlüssige Ursache, die die Beobachtung erklärt, kann hier noch nicht gegeben werden. Es sei angemerkt, dass man dasselbe Ergebnis (ebensoviel HS wie LS) für die Messung in gefrorener MeNO$_2$-Lösung sowie für eine Pulverprobe erhält.

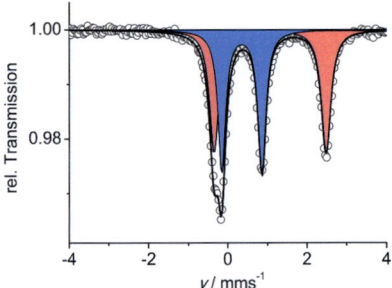

Abbildung 4.7.: Mößbauer-Spektrum von Komplex 1^{4+} in gefrorener DMF-Lösung bei 80 K. HS-Fe^{II} rot, LS-Fe^{II} blau.

Tabelle 4.2.: Zusammengefasste Mößbauer-Parameter von Komplex 1^{4+}. Aus Gründen der Übersichtlichkeit sind die Einheiten für die Isomerieverschiebung δ und die Quadrupolaufspaltung ΔE_Q (beide in mms^{-1}) nicht angezeigt. A gibt den relativen Flächenanteil an.

	HS in [4HS]			HS in [3HS-1LS]			LS in [3HS-1LS]		
T / K	δ	ΔE_Q	A/%	δ	ΔE_Q	A/%	δ	ΔE_Q	A/%
295	0.92	2.02	100	-			-		
220	0.98	1.96	37.9	0.97	2.47	46.1	0.32	0.94	16.0
190	0.99	2.00	21.6	0.99	2.54	56.7	0.34	0.95	21.8
133	-			1.03	2.68	71.3	0.38	0.90	28.7
110	-			1.04	2.72	69.2	0.38	0.93	30.8
80$^{a)}$	-			1.05	2.79	65.8	0.39	0.94	34.2
5.2$^{a)}$	-			1.06	2.78	65.2	0.39	0.94	34.8

a) Bei 80 und 5.2 K liegt die Probe z.T. im [2HS-2LS]-Zustand vor (ca. 38 %). Die Mößbauer-Parameter unterscheiden sich nicht signifikant von denen der [3HS-1LS]-Spezies.

4.3. Zweifache Oxidation zum gemischtvalenten Gitterkomplex

Elektrochemie

Das Redox-Verhalten von 1^{4+} wurde bereits erfolgreich in der vorangegangenen Diplomarbeit[162] durch Cyclovoltammetrie (CV) untersucht, obwohl die Reinheit der Substanz zu diesem Zeitpunkt noch nicht vollständig sichergestellt war. Dennoch soll die Messung aufgrund des starken Bezugs zu diesem Kapitel nochmals diskutiert werden. Der Komplex 1^{4+} durchläuft in MeCN vier reversible Oxidationsprozesse im Bereich zwischen 0 und 1.5 V (Tabelle 4.3), welche stufenweisen Einelektronenoxidationen (Fe^{II}/Fe^{III}-Paaren) zugeordnet werden, die letztlich zur Fe$_4^{III}$-Spezies 1^{8+} führen. Die in der Rückmessung auftretende Schulter ist auf teilweise Zersetzung der 1^{7+}- oder 1^{8+}-Spezies zurückzuführen, da die Schulter nicht auftritt, wenn nur die ersten beiden Oxidationen durchlaufen werden (bis ca. 1 V). Die Redox-Sequenz besteht aus zwei Paaren relativ dicht beieinander liegender Prozesse. Die beiden Paare (der Abstand zwischen dem zweiten und dem dritten Oxidationsprozess) sind durch einen deutlich größeren Potentialabstand separiert. Aus diesem lässt sich eine Aussage über die Stabilität einer beliebigen Spezies $M^{(n-1)}$ in Bezug auf Disproportionierung treffen.[170] Für die Reaktion

$$M^n + M^{(n-2)} \rightleftharpoons 2\,M^{(n-1)}$$

errechnet sich die Komproportionierungskonstante K_c zu

$$K_c = 10^{\,\Delta E/59\,\text{mV}} = \frac{[M^{(n-1)}]^2}{[M^n][M^{(n-2)}]}$$

Die Komproportionierungskonstanten für $\mathbf{1}^{5+}$, $\mathbf{1}^{6+}$ und $\mathbf{1}^{7+}$ betragen $2.42{\cdot}10^2$, $1.04{\cdot}10^8$ und $1.15{\cdot}10^3$, was die besondere thermodynamische Stabilität der zweifach gemischtvalenten Spezies $\mathbf{1}^{6+}$ deutlich macht. Die Sequenz legt die Vermutung nahe, dass die ersten zwei Oxidationen an gegenüberliegenden Ecken des Quadrats stattfinden, die dann jeweils noch Fe^{II}-Zentren als Nachbarn aufweisen. $\mathbf{1}^{6+}$ kann folglich durch zwei entartete Konfigurationen beschrieben werden. Die dritte und vierte Oxidation finden dann zwischen den schon oxidierten (formalen) Fe^{III}-Zentren statt, was aufgrund der elektronischen Abstoßung ein deutlich höheres Potential erfordert. Die letztendliche Bestätigung dieser Annahme, die bereits im Zusammenhang mit anderen Gittern getroffen wurde,[112,113] kann nur durch Isolierung und Untersuchung des gemischtvalenten Komplexes erlangt werden, welche in diesem Kapitel geschildert wird.

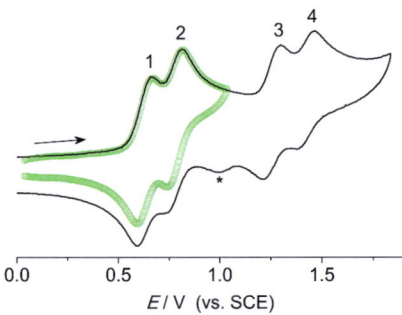

Abbildung 4.8.: Cyclovoltammogramm von Komplex **1** in Acetonitril/0.1 M NBu_4PF_6 referenziert bei einer Vorschubgeschwindigkeit von 500 mV/s. Durchgezogene Linie: 0.0–1.8 V, gestrichelt: 0.04–1.0 V. Die mit * versehene Schulter ist wahrscheinlich einem Zersetzungsprodukt von $\mathbf{1}^{7+}$ oder $\mathbf{1}^{8+}$ zuzuordnen.

Tabelle 4.3.: Zusammengefasste elektrochemische Parameter aus der cyclovoltammetrischen Untersuchung des Komplexes **1**. Zum Vergleich: Das Referenzpaar $Cp_2^*Fe/Cp_2^*Fe^+$ weist eine Peakpotential-Separation von $\Delta E_p = 83\,mV$ auf.

	$E_{1/2}/mV$	$\Delta E_p\;/\;mV$	$E_{1/2}^{n+1} - E_{1/2}^{n}\;/\;mV$	oxidierte Spezies (K_C)
1	642	67		$[Fe_3^{II}Fe^{III}L_4^1]^{5+}\,(2.42\cdot10^2)$
2	783	73	141	$[Fe_2^{II}Fe_2^{III}L_4^1]^{6+}\,(1.04\cdot10^8)$
3	1257	85	474	$[Fe^{II}Fe_3^{III}L_4^1]^{7+}\,(1.15\cdot10^3)$
4	1438	80	181	$[Fe_4^{III}L_4^1]^{8+}$

4.3.1. Zweifache Chemische Oxidation

Aufbauend auf den Erkenntnissen aus der Cyclovoltammetrie wurde versucht, den Komplex chemisch zweifach zu oxidieren und den – zumindest in der Elektrochemie – relativ stabilen $Fe_2^{II}Fe_2^{III}$-Zustand zu erreichen. Silber(I) in $MeNO_2$ oder DCM stellte sich als geeignetes Oxidationsmittel (umgerechnetes Potential vs. SCE: 1.03 V) heraus.[171] Die Oxidation mit einem Überschuß an $AgBF_4$ erfolgte in $MeNO_2$ bei 50 °C. Die Reaktionslösung schlägt dabei sofort von Tiefrot zu Tiefblau um. Nach Filtration und Fällung des Rohproduktes mit Et_2O konnten Kristalle der Zusammensetzung $[Fe_4L_4^1](BF_4)_6 \cdot 3\,MeCN$ durch langsame Diffusion von Et_2O in eine Lösung des Komplexes **1**$^{6+}$ in Acetonitril erhalten werden. Die Molekülstruktur (Abbildung 4.9) wurde durch Röntgenstrukturanalyse bestimmt.

Strukturelle Eigenschaften

Die [2 × 2]-Struktur des Komplexes bleibt in **1**$^{6+}$ erhalten, doch schon auf den ersten Blick werden Unterschiede sichtbar. Die sechsfache Ladung des gemischtvalenten $Fe_2^{II}Fe_2^{III}$-Komplexes konnte durch das Auffinden aller sechs Tetrafluoroborat-Ionen bestätigt werden. Zwei Eisenionen mit gleichem Oxidationszustand liegen sich diagonal gegenüber, was sich in einer zweizähligen Symmetrieachse, die senkrecht zum Fe_4-Quadrat steht, äußert. Anhand der Fe–N-Bindungslängen kann bereits eine vorläufige Zuordnung von Fe^{II} bzw. Fe^{III} auf die vier Gitterplätze vorgenommen werden, da HS-Fe^{II} aufgrund seiner außergewöhnlichen Größe deutlich von den anderen Konfigurationen zu unterscheiden ist (effektive Ionenradien:[172] LS-Fe^{II} 75 pm, HS-Fe^{II} 92 pm, LS-Fe^{III} 69 pm, HS-Fe^{III} 79 pm). Die kürzeren Fe–N-Abstände sind also LS-Fe^{III} zuzuweisen (HS-Fe^{III} ist in dieser Koordinationsumgebung selten). Der mittlere Fe1–N-Abstand beträgt 1.95 Å, was auf LS-Fe^{III} hinweist, während sich der mittlere Fe2–N-Abstand auf 2.20 Å beläuft, was typisch für HS-Fe^{II} ist. Entsprechend spiegeln sich die Bindungslängen in der Flexibilität der N-Fe-N-Winkel wider. Diese weichen für Fe1 deutlich weniger vom idealen Oktaeder ab als für Fe2 (9 % für Fe1, 14 % für Fe2).

Das Gitter erscheint etwas stärker verzerrt als im Fe$_4^{II}$-Komplex. Dies wird wie bei **1**$^{4+}$ durch den vergrößerten Winkel zwischen den terminalen Pyridinringen und dem Pyrazolring bekräftigt. Zudem ist das Fe$_4$-Quadrat stark zu einer Raute verzerrt worden, was zu einer Gesamtverzerrung beiträgt (Abbildung 4.9 rechts).

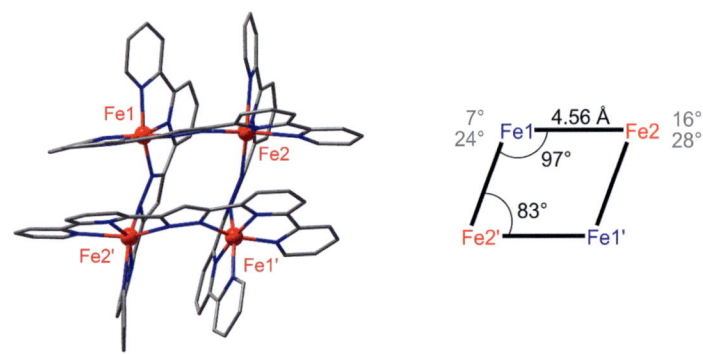

Abbildung 4.9.: Links: Molekülstruktur des Komplexes **1**$^{6+}$ ohne Lösungsmittel und Gegenionen bei 133 K (Eisen rot, Stickstoff blau, Kohlenstoff grau), Rechts: Schema der Fe$_4$-Raute (Fe^{II} rot, Fe^{III} blau) mit Winkeln und mittlerer Seitenlänge. In grau ist die Torsion der terminalen Pyridinringe gegen den Pyrazolring desselben Liganden angegeben.

Tabelle 4.4.: Mittlere Fe–N-Bindungslängen, Spinzustände und Symmetriemaße S für einen idealen Oktaeder (O_h) und ein ideales trigonales Prisma (itp) für Komplex 1^{6+} bei 133 K.

	d_{mean}/Å	HS/LS	Fe^{II}/Fe^{III}	$S(O_h)$	S(itp)
Fe1–N	1.95	LS	Fe^{III}	1.93	11.25
Fe2–N	2.20	HS	Fe^{II}	6.46	6.61
Fe$\cdots$Fe	4.56				

Magnetische Eigenschaften

Der gemischtvalente Komplex 1^{6+} unterscheidet sich in seinen magnetischen Eigenschaften grundlegend vom Spin-Crossover-Komplex 1^{4+}. Wie im χT-Diagramm (Abbildung 4.10) zu sehen ist, liegt kein temperaturabhängiger Spin-Crossover mehr vor. Beim Abkühlen von 300 auf 130 K bleibt χT konstant bei einem Wert von etwa 8.6 cm^{3}Kmol^{-1}. Bei weiterer Abkühlung (130–7 K) steigt der Wert auf 14.4 cm^{3}Kmol^{-1}. Der Verlauf der Kurve ist typisch für ein ferromagnetisch gekoppeltes System. Die Anpassung unter Verwendung eines Heisenberg-Dirac-van-Vleck-Hamilton-Operators unter Berücksichtigung zusätzlicher Nullfeld- sowie Zeeman-Terme lässt sich am besten unter Annahme eines Dimers zweier Pärchen durchführen. Ein Pärchen besteht aus einem LS-Fe^{III}- und einem HS-Fe^{II}-Ion, die mit $J_1 = +7.9$ cm^{-1} intern relativ stark ferromagnetisch koppeln. Die Pärchen untereinander wiederum sind schwächer ferromagnetisch gekoppelt ($J = +2.7$ cm^{-1}). Die ferromagnetische Kopplung lässt sich durch partielle Orthogonalität der magnetischen Orbitale[57] erklären. Das Kopplungsschema in Abbildung 4.10 soll dies verdeutlichen. Die dabei wechselwirkenden magnetische Orbitale für HS-Fe^{II} sind d$_{z^2}$ und d$_{x^2-y^2}$, für LS-Fe^{III} d$_{xy}$. Bemerkenswert ist der bei der Oxidation des Komplexes stattfindende Wechsel von antiferromagnetischer Kopplung zu ferromagnetischer Kopplung.

Mößbauer-Spektroskopie

Die letztendliche Bestätigung für das Vorliegen von HS-Fe^{II} und LS-Fe^{III} liefert die Mößbauer-Spektroskopie. Das Spektrum wurde bei 80 K aufgenommen und lässt sich mit zwei Lorenzdubletts anpassen, deren Flächen annähernd gleich

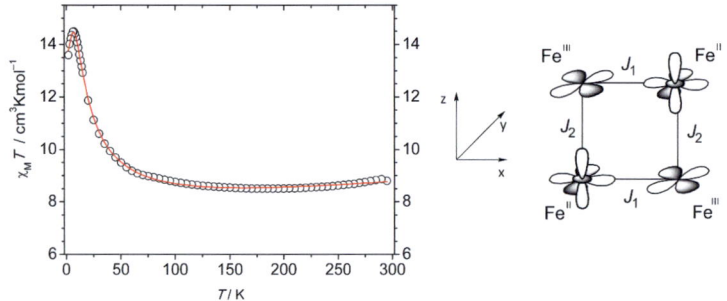

Abbildung 4.10.: Links: Temperaturabhängigkeit von $\chi_M T$ für Komplex $\mathbf{1}^{6+}$. Die Anpassungskurve ist rot gezeigt. Rechts: Kopplungsschema für die relevanten Orbitale der Eisenionen.

groß sind. Die zwei verbleibenden HS-Fe^{II} erzeugen ein im Vergleich zum Fe_4^{II}-System breiteres, etwas weiter aufgespaltenes Dublett (rotes Unterspektrum; $\delta = 1.04$ mms^{-1}, $\Delta E_Q = 2.99$ mms^{-1}), vermutlich eine Folge der stärkeren Gesamtverzerrung des Moleküls. Das scharfe, weit aufgespaltene Dublett (blaues Unterspektrum; $\delta = 0.15$ mms^{-1}, $\Delta E_Q = 3.49$ mms^{-1}) wird den beiden LS-Fe^{III} zugeordnet.

Es können verschiedene Folgerungen aus den Untersuchungen von $\mathbf{1}^{6+}$ im Festkörper gezogen werden. Die verschiedenen Valenzen der Eisenionen können eindeutig lokalisiert werden. Der Komplex ist demnach der *Robin-Day*-Klasse I zuzuordnen. Dies erscheint etwas überraschend, da ein Elektronentransfer durch den kleinen Abstand und die sich gleichende Koordinationsumgebung von Fe^{II} und Fe^{III} leicht möglich sein sollte.

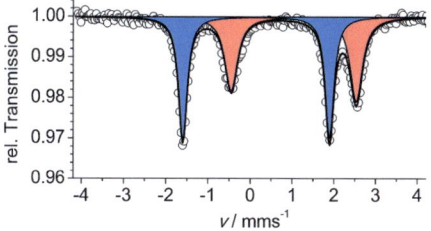

Abbildung 4.11.: Mößbauer-Spektrum von $\mathbf{1}^{6+}$ bei 80 K. Das rote Dublett gehört zu HS-Fe^{II}, das blaue zu LS-Fe^{III}.

4.3.2. Vergleichende UV-vis-Spektroskopie von $\mathbf{1}^{4+}$ und $\mathbf{1}^{6+}$

in Abbildung 4.12 sind UV/vis-Spektren (210–2000 nm) in MeCN-Lösung gezeigt. $\mathbf{1}^{4+}$ zeigt Banden (210–400 nm), die ligandbasierten $\pi \rightarrow \pi^*$-Übergängen entsprechen. Zusätzliche Banden im Bereich von 500 bis 650 nm können als drei überlappende Absorptionen angepasst werden, die MLCT-Übergängen zugeordnet werden. Für den gemischtvalenten $\mathbf{1}^{6+}$ werden (neben den ligandbasierten Banden) zwei Banden bei 587 und 749 nm beobachtet, während im NIR-Bereich keine Absorptionen vorliegen. Die relativ breite Bande bei niedrigster Energie (749 nm) könnte einem Ligand-Metall-Charge-Transfer (LMCT) zugeordnet werden (vgl. Abbildung 8.7). Überraschend ist das Fehlen einer IVCT-Bande.

4.4. Tunnelmikroskopische und -spektroskopische Untersuchungen

Der nächste Schritt zur Verwendung von Gitterkomplexen als neuartige Bausteine in der molekularen Elektronik ist die Adressierung (siehe Einleitung). In Kooperation mit der Arbeitsgruppe Müller (Physik, Universität Erlangen-Nürnberg) wurden die Komplexe $\mathbf{1}^{4+}$ und $\mathbf{1}^{6+}$ nach dort etablierten Methoden auf HOPG aufgebracht. Dazu wurde ein Tropfen der Komplexe in extrem verdünnter MeCN-Lösung (10^{-9} mol/L) auf das Graphitsubstrat aufgetragen und

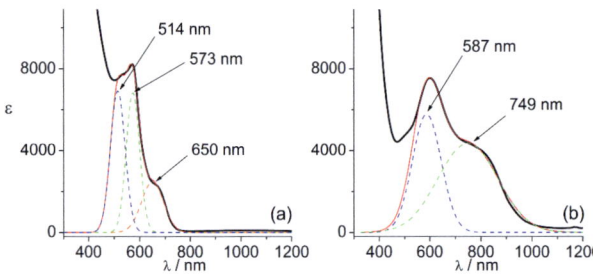

Abbildung 4.12.: UV-vis-Spektren von 1^{4+}(links) und 1^{6+}(rechts) in MeCN. Gestrichelt: gaußförmige Unterspektren zur Anpassung der experimentellen Daten (Summe der Unterspektren als rote Linie).

verdampft. Diese hohe Verdünnung ist notwendig, um zu vermeiden, dass sich zu große dreidimensionale Molekülaggregate bilden und sich die zur Untersuchung erforderliche einlagige Oberflächenbelegung ausbildet. Von besonderem Interesse sind zudem einzelne, isolierte Moleküle, die hinsichtlich ihrer Eigenschaften außerhalb eines Molekülverbundes untersucht werden sollen. HOPG eignet sich besonders gut, da es sowohl Defekte bietet, an denen sich z.B. Ketten ausbilden, die man prinzipiell auf intermolekulare Wechselwirkungen hin untersuchen kann, als auch freie Flächen, um auf diesen isolierte Moleküle zu adressieren. Die Erfahrung der Arbeitsgruppe spiegelt sich in den zahlreichen Publikationen wider, die von Müller et al. zu polynuklearen Metallkomplexen auf Oberflächen herausgebracht wurden.[142,145–147,150–152,173–175] Es wurden zwar schon einige, auch höherdimensionale Gitterkomplexe (siehe Einleitung) auf HOPG untersucht, Eisen(II)-Gitter bislang jedoch nicht. Zur Abschätzung der Größenordnungen sei angemerkt, dass die hier behandelten quadratischen Gitterkomplexe eine kristallographisch ermittelte Seitenlänge von 1.4 nm haben, während sie etwa 0.9 nm hoch sind.

Das STM wird im *constant-current-mode* (Modus konstanten Stroms) betrieben, man erhält so eine dreidimensionale Darstellung der Oberfläche (Topographie, Höhe $h(x,y)$). Die reine Graphitoberfläche wird üblicherweise braun abgebildet, topographisch höhere Bereiche erscheinen hell. In den CITS-Messungen werden Topographie und Strom/Spannungs-Kennlinien (auf jedem Punkt der Topographie wird ein Spannungsprofil $I(V)$ durchfahren) gleichzeitig aufgezeichnet. Das Resultat ist eine dreidimensionaler Datensatz $I(V, x, y)$,[147] der sich als Reihe von *current images* (CITS-Karte) darstellen lässt. Die CITS-Messungen enthalten Informationen über die molekularen Energielevel in räumlicher Auflösung, auf diese Weise ist es möglich, Metallatome aufgrund ihres d-Charakters der Molekülorbitale vom Rest des Moleküls zu unterscheiden.

4.4.1. Komplex 1^{4+}

Für Komplex 1^{4+} stellt sich die Frage, welche Spinzustände in einem auf die Oberfläche aufgebrachten Molekül auftreten und in welcher Anordnung diese im Molekül vorliegen. Der Zustand eines Moleküls auf der Oberfläche ist nur noch begrenzt mit dem im Festkörper oder in Lösung zu vergleichen. Die schwach koordinierenden Gegenionen sind wahrscheinlich diffus um das Molekül verteilt, restliche Lösungsmittelmoleküle möglicherweise auch. Die Anbindung an das Graphit erfolgt über die aromatischen Systeme der Liganden. In Abbildung 4.13 sind ausgewählte STM-Topographien des Komplexes 1^{4+} gezeigt (a–c).

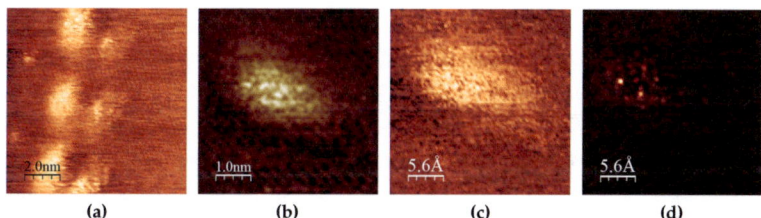

| | | | |
| (a) | (b) | (c) | (d) |

Abbildung 4.13.: Rastertunnelmikroskopie und -spektroskopie: Topographien von 1^{4+} auf HOPG (a–c). Das Molekül in (c) wurde zusätzlich spektroskopisch untersucht. Das Ergebnis ist in (d) gezeigt (CITS@736mV).

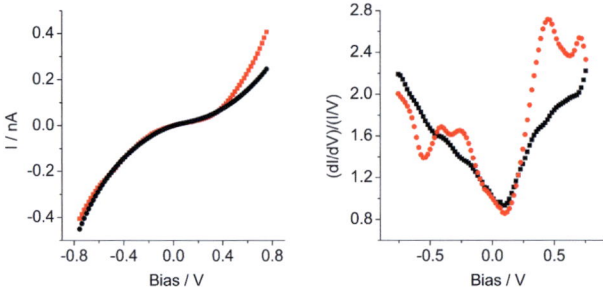

Abbildung 4.14.: CITS-Kurven für 1^{4+}. Links: Über alle vier (angenommenen) Metallzentren gemittelte I-V-Kennlinie (rot) im Vergleich mit der Kurve für Graphit (schwarz). Rechts: normierte Ableitung der linken Kurve (etwa proportional der Zustandsdichte).

In (a) ist zu erkennen, dass ein großer heller Fleck etwa die Größe eines Gittermoleküls hat. In diesem Fall lagern sich die Gittermoleküle an einem HOPG-Defekt in darunterliegenden Lagen an und bilden Ketten. Diese Kettenbildung ist die am häufigsten beobachtete Form der Oberflächenanordnung. Dabei variiert es, ob sich Einfach- oder Mehrfachstränge (in Breite und Höhe) ausbilden. Bei (b) wurde ein isoliertes Einzelmolekül detektiert. Das Molekül wurde nochmals höher aufgelöst (c) und per CITS untersucht. In (d) ist ein Einzelbild (Bias-Spannung 736 mV) aus der Reihe gezeigt , in dem mindestens zwei Punkte deutlich hervortreten, die von zwei Metallatomen stammen. Der Abstand (etwa 4 Å) stimmt (unter Berücksichtigung von Drift und ca. 0.3 Å Auflösung) gut mit dem Metall-Metall-Abstand aus der Molekülstruktur (4.5 Å) überein. Die Datenqualität der Spektroskopie reicht in diesem Fall nicht aus, um Unterschiede zwischen den Metallzentren sichtbar zu machen. Mittelt man die $I - V$-Kurven über die vier Metallzentren und vergleicht diese mit der Kurve für Graphit, werden Unterschiede sichtbar (Abbildung 4.14 links), insbesondere in der Ableitung (rechts). Es liegt offenbar ein unbesetzter Zustand bei 400 meV vor, eine Unterscheidung zwischen HS und LS ist jedoch nicht möglich.

4.4.2. Komplex 1^{6+}

Auch der gemischtvalente Komplex 1^{6+} wurde auf HOPG (aus MeCN-Lösung) aufgebracht und mit STM untersucht. Die Absicht war auch hier, den Komplex freistehend zu detektieren und die unterschiedlichen Eisen-Zustände unterscheiden zu können. In Abbildung 4.15 sind in (a) und (b) Topographien abgebildet, in denen das gesuchte Molekül eindeutig an den Abmessungen zu erkennen ist. Die helleren Bereiche in (a) innerhalb des Moleküls müssen nicht von den Metallzentren stammen, der Abstand ist dafür etwas zu groß. An dem Molekül in (b) wurden die CITS-Messungen durchgeführt. Gezeigt sind die Einzelmessungen bei Bias-Spannungen von -800 mV (c) und 800 mV (d). In diesem Fall lassen sich keine hellen Bereiche ausmachen, die auf die Positionen der Metallatome hinweisen könnten. Entsprechend sehen die $I - V$-Kurven und ihre Ableitungen aus, die über das gesamte Molekül gemittelt wurde und im Vergleich mit HOPG aufgetragen sind (Abbildung 4.16). Die Kurven weisen auf einen unbesetztes Niveau nahe der Fermi-Energie hin (etwa $250 - 300$ meV). Eventuell beobachtete Unterschiede zwischen den einzelnen Metallionen waren nicht reproduzierbar.

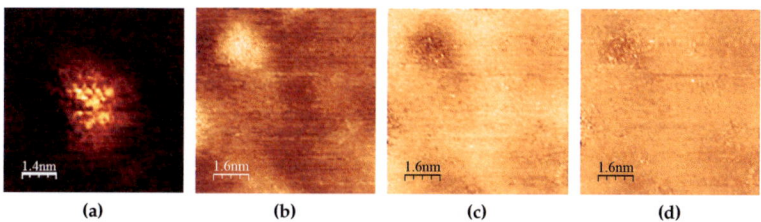

| (a) | (b) | (c) | (d) |

Abbildung 4.15.: Rastertunnelmikroskopie und -spektroskopie: Topographien von 1^{6+} auf HOPG (a, b). Das Molekül in (b) wurde zusätzlich spektroskopisch untersucht. Die Ergebnisse sind in (c) (CITS@-800mV) und (d) (CITS@800mV) gezeigt.

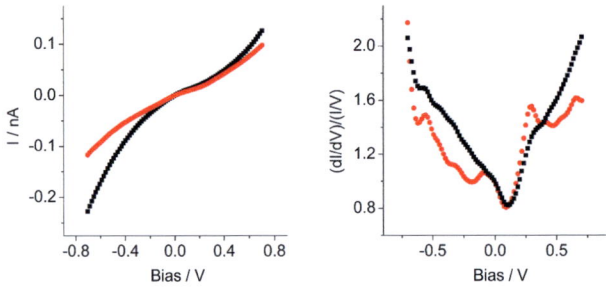

Abbildung 4.16.: CITS-Messung für 1^{6+}.

4.5. Fazit

Mit dem hier vorgestellten Komplex **1** wurde ein einzigartiger Fe_4^{II}-Gitterkomplex vorgestellt, der sich in orthogonaler Weise durch stufenweisen Spin-Crossover und sequenzielle Redoxprozesse schalten lässt. Eine Übersicht über die physikalischen Transformationen findet sich in Abbildung 4.17. Der gemischtvalente $Fe_2^{II}Fe_2^{III}$-Komplex (1^{6+}) konnte nicht nur elektrochemisch, sondern auch chemisch präparativ dargestellt werden. Im Zuge der Oxidation verschwindet der Spin-Crossover und die antiferromagnetische Kopplung schaltet zu einer ferromagnetischen. Der Spin-Crossover in 1^{4+} läuft für ein Eisenzentrum komplett ab, ein zweiter findet partiell statt. Der resultierende [2HS]-[2LS]-Zustand in 1^{4+} und die $Fe_2^{II}Fe_2^{III}$-Form (1^{6+}) sind jeweils zweifach entartet, mit diagonal gegenüberliegender Anordnung gleicher Zentren, was dieses System interessant für zelluläre Quantenautomaten macht.

Das gesamte Potential dieses Gitterkomplexes ist noch nicht ausgeschöpft, weitere Untersuchungen sind im Gange. So werden in Kooperation mit der Gruppe um *Müller* weitere Untersuchungen an Oberflächen unternommen und mit dem Laserlaboratorium Göttingen e. V. oberflächengestützte Ramanuntersuchungen (SERS) durchgeführt.

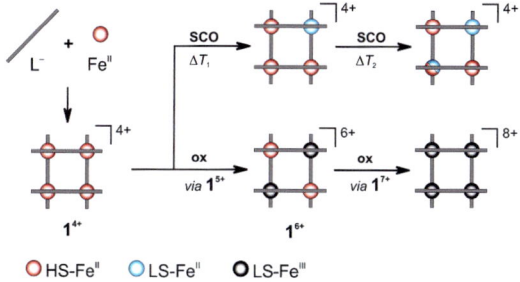

Abbildung 4.17.: Übersicht über die Transformationen von **1**.

5. Weitere Eisenkomplexe mit L^1

5.1. Einfache Oxidation des Gitterkomplexes $\mathbf{1}^{4+}$

Die Isolierung einer Substanz, die in der Cyclovoltammetrie lediglich eine Komproportionierungskonstante von 240 aufweist, erscheint zunächst nicht trivial und war nicht von vornherein geplant. Das Pentakation $\mathbf{1}^{5+}$ wurde bei den Versuchen, den Komplex $\mathbf{1}^{4+}$ gezielt zum Komplex $\mathbf{1}^{6+}$ zu oxidieren, zum ersten Mal beobachtet. Im Unterschied zu der erfolgreichen doppelten Oxidation in $MeNO_2$ (Abschnitt 4.3), dessen Darstellung in der Hitze stattfindet, wurde dieser Komplex bei einem Experiment in der Kälte (0 °C) synthetisiert. Der hohe Überschuss an Silber(I) musste beibehalten werden, da die Oxidation sonst augenscheinlich nicht ablief (ausbleibender Umschlag von roter zu blauer Lösung). Der Komplex $[Fe_3^{II}Fe^{III}L_4^1](BF_4)_5$ ($\mathbf{1}(BF_4)_5$) kristallisiert nach langsamer Diffusion von Diethylether in die filtrierte Reaktionslösung. Erneute Umkristallisation durch langsame Diffusion von Et_2O in eine Lösung des Komplexes in Nitromethan liefert zerbrechliche blaue Kristallplättchen, die erst nach sorgfältigem Spülen mit Diethylether isoliert werden können, da sie sofort nach Entfernen aus der Mutterlauge in restlichem oder aus dem Kristall entweichenden Nitromethan zerfließen. Für die Kristallstrukturanalyse wurde ein einzelner Kristall schnell in Mineralöl gegeben und in flüssigem Stickstoff gekühlt.

Strukturelle Eigenschaften

Die Gitterstruktur bleibt erhalten, erscheint in $\mathbf{1}^{5+}$ jedoch etwas stärker verzerrt als in der Ausgangsverbindung. Es wurden zudem fünf Tetrafluoroborat-Gegenionen sowie fünf Nitromethan-Moleküle in der Elementarzelle gefunden. Letztere könnten für das sofortige Zerfließen der Kristalle verantwortlich sein. Die

51

Molekülstruktur ist in Abbildung 5.1 (links) gezeigt. Die durchschnittlichen Bindungslängen und Symmetriemaße sind in Tabelle 5.1 aufgeführt.

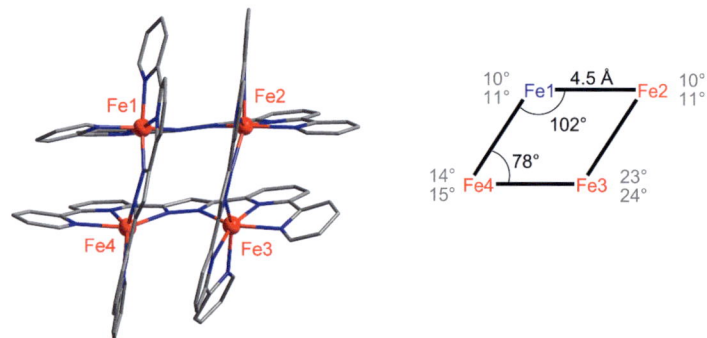

Abbildung 5.1.: Molekülstruktur des einfach oxidierten Pentakations $\mathbf{1}^{5+}$ ohne Gegenionen und Lösungsmittel (links). Die Fe_4-Raute mit den wichtigsten Winkeln ist rechts gezeigt. Fe^{II} in rot, Fe^{III} in blau, die Verkippung der terminalen py-Einheiten in grau.

Tabelle 5.1.: mittlere Fe–N-Bindungslängen, Spinzustände und Symmetriemaße für einen idealen Oktaeder (O_h) und ein ideales trigonales Prisma (itp) für Komplex $\mathbf{1}^{5+}$ bei 133 K.

	d_{mean}/Å	HS/LS	Fe^{II}/Fe^{III}	$S(O_h)$	S(itp)
Fe1–N	1.95	LS	Fe^{III}	1.79	11.60
Fe2–N	2.18	HS	Fe^{II}	7.05	6.31
Fe3–N	2.20	HS	Fe^{II}	5.95	9.14
Fe4–N	2.20	HS	Fe^{II}	7.51	6.05
Fe$\cdots$Fe	4.52				

Die vier verzerrt oktaedrisch koordinierten Eisenionen befinden sich wie erwartet in einer nahezu perfekten Ebene und spannen eine Raute mit der durchschnittlichen Fe–Fe-Seitenlänge von 4.52 Å und mit den ungefähren Rautenwinkeln von etwa 102° und 78° auf (Abbildung 5.1). Anhand der Fe–N-Bindungslängen werden die Eisenzentren hier klar charakterisiert. Das Fe^{III} kann am Fe1 (blau in Abbildung 5.1 rechts) lokalisiert werden. Die Fe–N-Längen sind kurz (1.95 Å) und der Oktaeder ist relativ gering verzerrt (relativ kleiner Wert für $S(O_h)$ in Tabelle 5.1), folglich wird hier (analog zum doppelt oxidierten Gitter) LS-Fe^{III} angenommen. Die restlichen drei Eisenzentren befinden sich im HS-Fe^{II}-Zustand und können in zwei Katgorien eingeteilt werden: Die dem oxidierten Fe1 benachbarten (Fe2, Fe4) und das diagonal gegenüber gelegene (Fe3) Fe^{II}-Ion. Die mittleren Bindungslängen (mittlere Fe–N-Längen um 2.20 Å) sind zwar ähnlich, aber die Symmetriemaße $S(O_h)$ machen den Unterschied deutlich. Die Verzerrung von Fe2 und Fe4 ist größer, die Kontraktion durch die erfolgte Oxidation von Fe1 scheint sich als Nachbargruppeneffekt bemerkbar zu machen. Dieser wirkt sich nicht mehr merklich auf das gegenüberliegende Fe3 aus.

Die Nicht-Planarität der Liganden soll hier anhand der Verdrehung der terminalen Pyridinringe gegen die mittlere Ebene der pz-Einheit charakterisiert werden, da die terminalen Pyridine am stärksten abweichen und herausgedreht sind. (Abbildung 5.1 rechts). Auch an diesem Komplex kann man beobachten, dass das terminale Pyridin den längsten Fe–N-Abstand aufweist (durchgehend um etwa 0.1 Å), unabhängig von dem Oxidations- oder Spinzustand des Eisens.

Magnetische Eigenschaften

Vor dem Hintergrund der Erkenntnisse aus Abschnitt 4.3, dem Umschalten der Kopplung nach Oxidation, stellt sich bei diesem Komplex die Frage nach den temperaturabhängigen magnetischen Eigenschaften und dem Kopplungsverhalten. Die SQUID-Messung (Abbildung 5.2) wurde zwischen 2 und 300 K bei 500 Oe durchgeführt. Die Probe wurde zu einer Tablette gepresst, um Orientierungseffekte zu vermeiden, was durch eine Magnetisierungsmessung bestätigt wurde. $\chi_M T$ bleibt zwischen 300 und 60 K weitgehend konstant bei etwa 11 cm^{3}Kmol^{-1}. Dieser Wert entspricht dem Erwartungswert unter der Annahme von drei HS-Fe^{II} ($S = 2$, $g = 1.96$) und einem LS-Fe^{III} ($S = 1/2$, $g = 2.00$).

Unterhalb dieser Temperatur steigt der Wert als Folge von ferromagnetischer Kopplung (vgl. Komplex 1^{6+}) auf etwa 17.5 cm^{3}Kmol^{-1}. Unterhalb von 7 K sinkt $\chi_M T$ wieder ab, was auf Nullfeldaufspaltung zurückgeführt werden kann. Eine geeignete Anpassung des gesamten Kurvenverlaufs erfolgte unter Verwendung eines *Heisenberg-Dirac-van-Vleck*-Operators mit Termen für Austauschkopplung, Nullfeldaufspaltung und *Zeeman*-Aufspaltung (rote Kurve in Abbildung 5.2). Dabei wurden die drei HS-Fe^{II}-Zentren als äquivalent angesehen und tragen je-

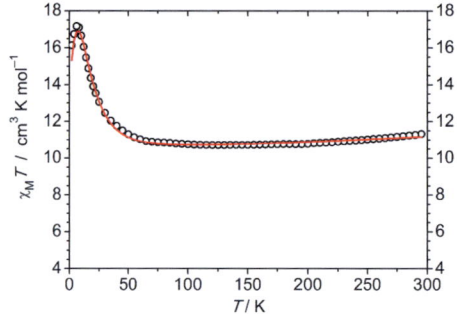
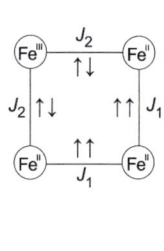

Abbildung 5.2.: Links: Magnetische Messung von 1^{5+} bei 500 Oe. In rot ist die beste Anpassung angegeben. Rechts: Angenommenes Kopplungsschema.

weils mit $-48\,\mathrm{cm}^{-1}$ zur Nullfeldaufspaltung bei. Die Kopplung kann folgendermaßen erklärt werden: Die drei HS-Fe^{II} koppeln ferromagnetisch in Form eines „Winkels" mit der Kopplungskonstanten $J_1 = 1.5\,\mathrm{cm}^{-1}$, dem entgegen steht das LS-Fe^{III}, welches antiferromagnetisch zu seinen Nachbarn gekoppelt ist ($J_2 = -0.35\,\mathrm{cm}^{-1}$). Einschränkend muss erwähnt werden, dass ein g-Wert von 1.96 zu niedrig ist (vgl. Gitterkomplexe aus Kapitel 4 mit $g \gtrsim 2.1$), es muss also damit gerechnet werden, dass die Probe mit einem Rest Silbersalz oder mit den Disproportionierungsprodukten (1^{4+} und 1^{6+}) verunreinigt ist.

Mößbauer-Spektroskopie

Bei vier verschiedenen Temperaturen (150, 80, 20, 6 K) wurden Mößbauer-Spektren aufgenommen. Von 150 bis 20 K bleibt das Bild (Abbildung 5.3) weitgehend gleich: Es werden zwei Dubletts beobachtet, deren Anpassungskurven erwartungsgemäß auf LS-Fe^{III} (blaue Unterspektren, sub1) und HS-Fe^{II} (rote Unterspektren, sub2) hinweisen. Die Parameter sind in Tabelle 5.2 zusammengefasst. Ähnlich wie in Komplex B ruft LS-Fe^{III} ein scharfes, weit aufgespaltenes Dublett hervor, Isomerieverschiebung und Quadrupolaufspaltung sind annähernd gleich. Das etwas breitere HS-Fe^{II}-Dublett jedoch weist eher die Parameter von Komplex 1^{4+} auf. Versteht man 1^{5+} als Zwischenstufe zwischen 1^{4+} und 1^{6+} , ist dies einleuchtend.

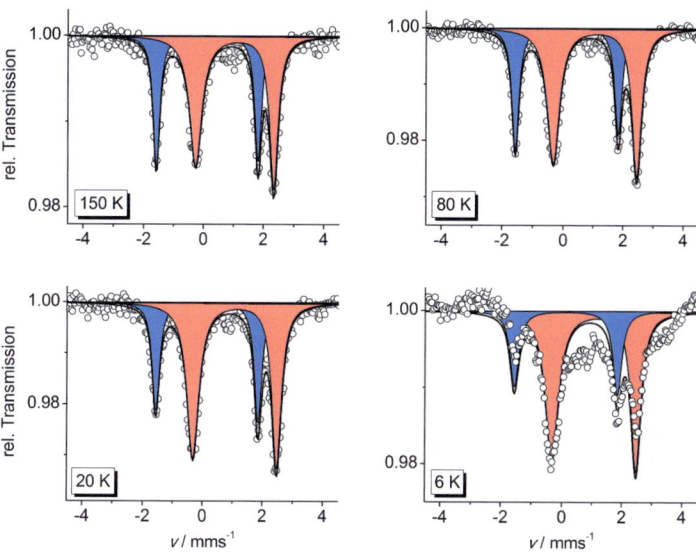

Abbildung 5.3.: Mößbauerspektren zwischen 150 und 6 K von Komplex 1^{5+}.

Das Problem bei dieser Messreihe wird an den Flächenverhältnissen der Unterspektren ersichtlich: Das Verhältnis von Fe^{II}/Fe^{III} liegt anstelle von theoretischen 75:25 bei maximal 66:34 (20 K). Interessant ist, dass der $HS-Fe^{II}$-Anteil zu niedrigen Temperaturen steigt und dass die beiden zugeordneten Dubletts bei 6.5 K von einem Mehrlinienspektrum überlagert werden, dessen Ursprung bislang ungeklärt ist.

Tabelle 5.2.: Gesammelte Mößbauer-Parameter für Komplex 1^{5+}; „sub" bezeichnet die lfd. Nr. der Unterspektren mit dem prozentualen Flächenanteil A in Klammern.

T / K	Eisenspezies	sub $(A/\%)$	$\delta/(\mathrm{mm/s})$	$\Delta E_Q/(\mathrm{mm/s})$	$\Gamma_{\mathrm{FWHM}}/(\mathrm{mm/s})$
150	LS-Fe^{III}	1 (38)	0.12	3.40	0.28
	HS-Fe^{II}	2 (62)	1.05	2.61	0.35
80	LS-Fe^{III}	1 (35)	0.14	3.41	0.29
	HS-Fe^{II}	2 (65)	1.07	2.78	0.38
20	LS-Fe^{III}	1 (34)	0.14	3.42	0.31
	HS-Fe^{II}	2 (66)	1.07	2.80	0.38
6.5$^{\mathrm{a)}}$	LS-Fe^{III}	1 (29)	0.14	3.41	0.35
	HS-Fe^{II}	2 (71)	1.07	2.80	0.40

Anmerkung a) Die Anpassung mit zwei Dubletts war aufgrund des überlagerten Mehrlinienspektrums nicht möglich. Die Parameter wurden aus den vorherigen Messungen übernommen und nur grob per Hand angepasst.

5.2 Ein unvollständiger dreikerniger Gitterkomplex (2)

Sowohl bei dem Versuch, ein vollständiges Fe_4-Gitter zu synthetisieren, als auch bei dem Versuch, einen Fe_2-Corner-Komplex herzustellen, bildete sich als Nebenprodukt in Acetonitril-Lösung unerwartet ein dreikerniger Komplex (2). Dieser wurde unter Verwendung der korrekten stöchiometrischen Verhältnisse (HL^1/Fe 4:3) und ohne Zugabe von Base reproduziert, also gezielt hergestellt. Kristallines Material der Zusammensetzung $[Fe_3(HL^1)_2L_2^1](BF_4)_4 \cdot 2 + xMeCN$ wurde letztlich durch langsame Diffusion von Diethylether in eine Acetonitril-Lösung des Komplexes gewonnen.

Strukturelle Eigenschaften

Zur Röntgenstrukturanalyse geeignete Kristalle von $2(BF_4)_4$ ergaben zwar eine Molekülstruktur mit gitterartiger Anordnung von vier Liganden (Abbildung 5.4), jedoch waren von den vier vorgesehenen Taschen für die Metallionen nur drei gefüllt. Es konnten neben mindestens zwei MeCN-Molekülen vier Tetrafluoroborat-Gegenionen gefunden werden, woraus ein tetrakationischer Komplex resultiert, wenn zwei Protonen die metallfreie Bindungstasche besetzen. Die drei Eisenionen befinden sich in verzerrt oktaedrischer {N_6}-Koordinationsumgebung.

Bei genauerer Betrachtung der Fe–N-Bindungsabstände ist das Eisenion auf der Ecke (Fe3) als HS einzustufen, während die anderen beiden (Fe1, Fe2) sich im LS-Zustand befinden sollten (Tabelle 5.3). Für Fe3 fällt auf, dass die Bindungsabstände zum terminalen Pyridin-N (N(3)) signifikant länger sind als die zum mittleren Pyridin- und zum Pyrazol-N (N(1,2)). Eine elektronische Erklärung dazu (z. B. Jahn-Teller-Effekt) kann nicht gegeben werden. Betrachtet man die Symmetriemaße (Erklärung siehe Abschnitt 1.2.2) für den Oktaeder $S(O_h)$ und das trigonale Prisma $S(itp)$, lässt sich feststellen, dass die Werte für LS-Fe^{II} im normalen Bereich (um 2 für $S(O_h)$) für dreizähnige mer-koordinierende Liganden liegen.[74] Der relativ hohe (im Vergleich mit den Werten für die SCO-Zentren aus dem Fe_4^{II}-Gitter) $S(O_h)$-Wert für Fe3 lässt vermuten, dass dieses im HS-Zustand fixiert ist.

Die aromatischen Untereinheiten der Liganden sind deutlich gegeneinander verdreht, insbesondere diejenigen, die an den Wasserstoffbrücken des „Lochs" be-

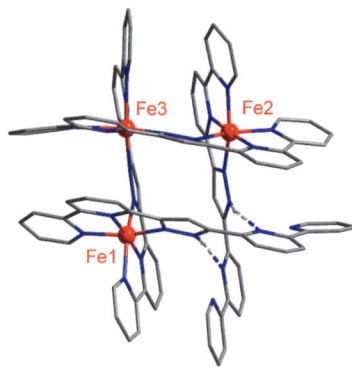

Abbildung 5.4.: Molekülstruktur von **2** der Zusammensetzung [Fe$_3$(HL^1)$_2$L$^1_2$](BF$_4$)$_4$ · 2 MeCN, abgebildet ohne Gegenionen und Lösungsmittelmoleküle.

teiligt sind. Die in sich annähernd planaren Bipyridin-Einheiten weisen aufgrund der H-Brücken (für alle Abstände N^{py}··· N^{pz} ≈ 2.9 Å) mit den Stickstoffatomen nach innen und sind stark gegen den ebenso nahezu koplanaren Rest des Liganden (pz-bpy-Einheit, welche Fe1 bzw. Fe2 koordiniert) verdreht (Torsionswinkel 32 bzw. 35°). Zwischen zwei parallel angeordneten Liganden liegt ein Abstand von etwa 3.4 Å, was für zusätzlich Stabilisierung durch π-π-Wechselwirkungen spricht.[176]

Magnetische Eigenschaften

Die magnetischen Eigenschaften von **2** wurden im Bereich von 2 bis 400 K am SQUID-Magnetometer untersucht. Der erste Zyklus von Aufheizen/Abkühlen bewegt sich zwischen 2 und 320 K. Im mittleren Bereich zwischen 270 und 120 K bleibt die Kurve weitgehend konstant bei etwa 3.4 cm^{3}Kmol^{-1}. In Übereinstimmung mit den Informationen aus der Kristallstruktur entspricht dieser Wert dem Spin-Only-Erwartungswert von $\chi_M T$ = 3.47 cm^{3}Kmol^{-1} für ein einzelnes HS-Fe^{II}-Ion (mit S = 2 und g = 2.15). Unterhalb von 120 K wird zunächst ein leichter Anstieg von $\chi_M T$ (auf etwa 4.3 cm^{3}Kmol^{-1}) beobachtet, unterhalb von 12 K dann ein steiles Absinken, dabei unterscheiden sich die Abkühlkurve und die Aufheizkurve leicht. Der Anstieg kann auf Orientierungseffekte zurückgeführt werden,

Tabelle 5.3.: mittlere Fe–N-Bindungslängen, Spinzustände und Symmetriemaße für einen idealen Oktaeder (O_h) und ein ideales trigonales Prisma (itp) für Komplex **2** bei 133 K.

	d_{mean}/Å	HS/LS	$S(O_h)$	S(itp)
Fe1–N	1.96	LS	2.18	11.53
Fe2–N	1.96	LS	2.19	11.51
Fe3–N	2.18	HS	6.08	7.00
Fe3–N(3)[a)]	2.26			
Fe3–N(1,2)[a)]	2.14			
Fe···Fe	4.51			

Anmerkung a) N(1,2) sind die Stickstoffdonoren des Pyrazols und des mittleren Pyridins, N(3) gehört zum terminalen Pyridin

für den steilen Abfall ist die Nullfeldaufspaltung verantwortlich.

Der zweite Aufheizen/Abkühlen-Zyklus erstreckt sich über den gesamten Bereich zwischen 2 und 400 K. Im mittleren und unteren Temperaturbereich deckt sich das Verhalten mit dem ersten Zyklus, oberhalb von 300 K werden jedoch deutliche Veränderungen beobachtet. Bis 350 K steigt $\chi_M T$ schwach, darüber abrupt auf 6.97 cm^{3}Kmol^{-1} an. Der Anstieg wid durch einen Spin-Crosover eines der zwei vorliegenden LS-Fe^{II}-Ionen verursacht, der gemessene Wert von 6.97 cm^{3}Kmol^{-1} stimmt sehr gut mit dem Erwartungswert für zwei nicht gekoppelte HS-Fe^{II}-Ionen überein (mit $S = 2$ und $g = 2.15$). Der anschließende Abkühlvorgang veranschaulicht reversibles und hysteretisches (Breite der Hystereseschleife etwa 25 K) Verhalten dieses Übergangs; bei etwa 315 K deckt sich die Kurve wieder vollständig mit der Kurve aus dem Aufheizvorgang.

Mößbauer-Spektroskopie

Zur verlässlichen Bestätigung der Anwesenheit der [LS-HS-LS]-Situation für den Fe$_3$-Winkel wurde ein Mößbauer-Spektrum bei 80 K aufgenommen. Es konnten zwei Unterspektren mit den relativen Flächenverhältnissen 68:32 angepasst werden.

Das Unterspektrum geringerer Intensität weist eine relativ hohe Quadrupolaufspaltung von 2.94 mm/s und eine Isomerieverschiebung von 1.05 mm/s auf, die-

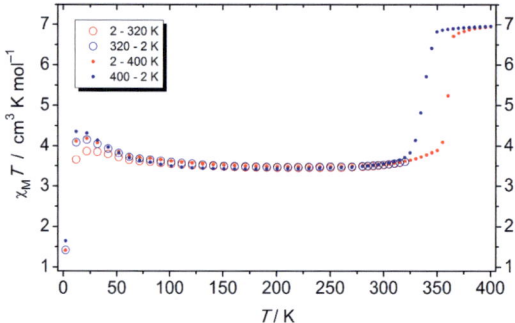

Abbildung 5.5.: Temperaturabhängigkeit von $\chi_M T$ bei 5000 Oe. Der Messverlauf ist in drei Bereiche (Kühlen-Heizen-Kühlen) eingeteilt (siehe Legende). Die Anpassung (rot) erfolgte für den bereich zwischen 200 und 2 K.

se Paramter sind typisch für HS-Fe^{II}. Das intensivere Dublett hingegen ist mit seinen Parametern (δ = 0.35 mm/s, ΔE_Q = 0.91 mm/s) charakteristisch für LS-Fe^{II}. Die geringe Abweichung vom theoretischen LS/HS-Verhältnis 66:33 (2:1) kann mit unterschiedlichen Lamb-Mößbauer-Faktoren oder mit der Beschränkung auf symmetrische Anpassungsspektren erklärt werden. Messungen bei höheren Temperaturen (> 300 K) zur genaueren Charakterisierung des Spin-Crossovers stehen noch aus.

Elektrochemie

Die elektrochemischen Eigenschaften von **2** wurden mittels cyclischer Voltammetrie in Acetonitril untersucht (Abbildung 5.7). Zwischen 0.2 und 1.7 V werden zwei Wellen beobachtet. Die erste (bei ca. 0.9 V) ist etwa doppelt so intensiv wie die zweite (bei ca. 1.35 V). Die Separation der Peakpotentiale bei der intensiveren Welle liegt bei 150 mV, zudem ist eine leichte Schulter zu beobachten, was die Vermutung nahe legt, dass es sich um zwei einzelne nahezu vollständig überlagerte Prozesse handelt. Die zweite Welle kann mit einer Separation der Peakpotentiale von 100 mV als reversibel eingestuft werden. Unter der Voraussetzung, dass die in der Festkörperstruktur gefundene Verteilung der Eisenzentren auch in Lösung vorliegt (ein HS-Fe^{II}, zwei sehr ähnliche LS-Fe^{II}), ist die Oxidationssequenz plausibel. Demnach werden zunächst die beiden LS-Fe^{II} bei nahezu gleichem Poten-

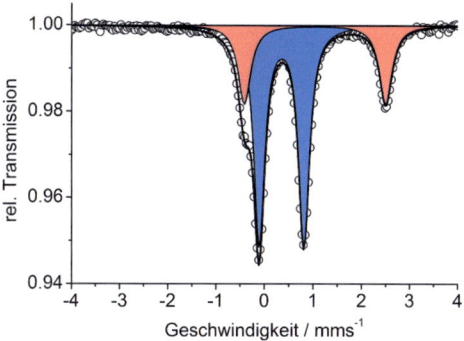

Abbildung 5.6.: Mößbauer-Spektrum von kristallinem **2** bei 80 K. Die Flächen vom blauen (LS-Fe^{II}) und roten Unterspektrum (HS-Fe^{II}) stehen im relativen Verhältnis 68:32.

tial zu Fe^{III} oxidiert und anschließend das mittlere HS-Fe^{II}. Üblicherweise haben HS-Spezies niedrigere Potentiale als LS-Spezies, hier scheint es jedoch aufgrund der geringeren Reorganisationsenergie von LS-Fe^{II} zu LS-Fe^{III} (vermutlich, vgl. Fe$_4$-Gitter s. o.) umgekehrt zu sein. Interessant ist das Cyclovoltammogramm besonders im Vergleich mit dem Gitterkomplex **1**$^{4+}$. Die Halbstufenpotentiale der beiden Wellen von **2** sind den Prozessen (2) und (3) von Komplex **1** sehr ähnlich. Im kompletten Gitter ist die erste Oxidation durch die Gesamtverzerrung möglicherweise erleichtert.

Desweiteren sind im Reduktionsbereich vier zwar nicht-reversible, aber gut separierte Einzelprozesse zu beobachten, die wahrscheinlich von der schrittweisen Reduktion der Liganden stammen.

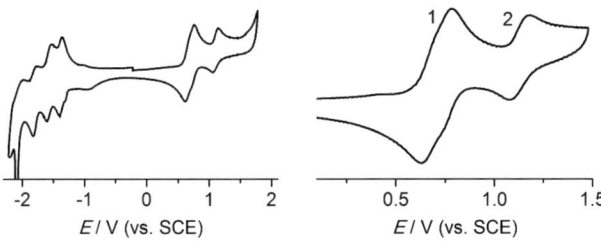

Abbildung 5.7.: Cyclovoltammogramme von **2** in MeCN über gesamten Messbereich (links) und ausgewählten Oxidationsbereich (rechts). Die Messung wurde bei einer Vorschubgeschwindigkeit von 100 mV/s in 1 M (NBu$_4$)PF$_6$-Lösung durchgeführt; als interner Standard diente das Redoxpaar Cp$_2^*$Fe/Cp$_2^*$Fe$^+$.

5.3. Fazit

In diesem Kapitel wurde ein weiterer Beleg für die Vielseitigkeit des Systems erbracht. Die unerwartete Synthese des einfach oxidierten Gitterkomplexes **1**$^{5+}$ führte zu einem spannenden gemischtvalenten Komplex, welcher sich erneut in den Kopplungseigenschaften von den bisher diskutierten unterscheidet (siehe Kopplungsschemata: Dimer-Kopplung vs. Kopplung „um die Ecke"). Der Komplex sollte weiter untersucht werden, entsprechende Rechnungen sind bereits im Gange.

Der dreikernige multistabile Komplex **2** ist besonders als Vergleichssystem für Gitterkomplexe interessant und zeigt zudem spannende magnetische Eigenschaften: Der hysteretische SCO bietet Potential für weitergehende Untersuchungen, zudem ist der Komplex ein Kandidat für LIESST-Aktivität.

6. Unterstützung der zweifachen Spin-Konfigurations-Entartung

6.1. Einführung und Ligandsynthese (HL^2)

Der doppelt schaltbare Fe$_4$-Gitterkomplex $\mathbf{1}^{4+}$ aus Kapitel 4 stellt mit seiner Vielseitigkeit eine wichtige Weiterentwicklung im Bereich funktionaler multistabiler Moleküle dar. Dennoch sind insbesondere in Bezug auf die Anwendung als Baustein für QCA weitere Verbesserungen vorstellbar. Neben der zweifachen entarteten Konfiguration der Redoxzustände, wie sie im gemischvalenten Fe$_2^{II}$Fe$_2^{III}$-Komplex $\mathbf{1}^{6+}$(Abschnitt 4.3) vorliegt, ist eine solche Entartung auch für Spinzustände wünschenswert. Eine [HS-LS-HS-LS]-Konfiguration wurde bei Komplex $\mathbf{1}^{4+}$ bereits beobachtet: bei tiefen Temperaturen anteilig in der magnetischen Messung und im Mößbauerspektrum in Lösung und als Pulver. Die gezielte Synthese und Isolation eines entsprechenden Komplexes ist Gegenstand dieses Kapitels. Um den LS-Zustand zu stabilisieren ist ein minimal stärkeres Ligandenfeld notwendig.

Die Einführung organischer Gruppen im Rückgrat des Liganden ohne Veränderung des 3,5-Bis(bipyridyl)pyrazol-Motivs erscheint ausreichend. Die Syntheseroute zum Liganden $\mathbf{HL^1}$ lässt solche Variationen zu (Abbildung 6.1): Ausgehend vom 6-Cyano-2,2'-bipyridin (**III**) könnten anstelle von Methylmagnesiumbromid längerkettige Alkylmagnesiumbromide verwendet werden, welche im vollständigen Liganden einen Alkylsubstituenten in 4-Position des Pyrazols zur Folge hätten. Verschiedene Versuche, längere Alkylketten sowie Cyclohexan in dieser Position einzuführen, gelangen nicht. Höchstwahrscheinlich sind derartige Gruppen zu sperrig für die pseudo-Claisen-Kondensation zum Diketon. Lediglich die einfachste Variante mit Ethylmagnesiumbromid führte zum Erfolg. Der Syntheseverlauf zum „methylierten" Liganden $\mathbf{HL^2}$ ist sehr eng an dem für

HL¹(Abbildung 6.1). Das 6-Propionyl-2,2′-bipyridin (**VI**) konnte erfolgreich mit dem Methylester des Bipyridins (**V**) zum entsprechenden 1,3-Diketon (**VIII**) umgesetzt werden. Im letzten Schritt, der Kondensation mit Hydrazin zum Pyrazol, fällt der Ligand beim Abkühlen der ethanolischen Lösung rein aus und kann isoliert werden.

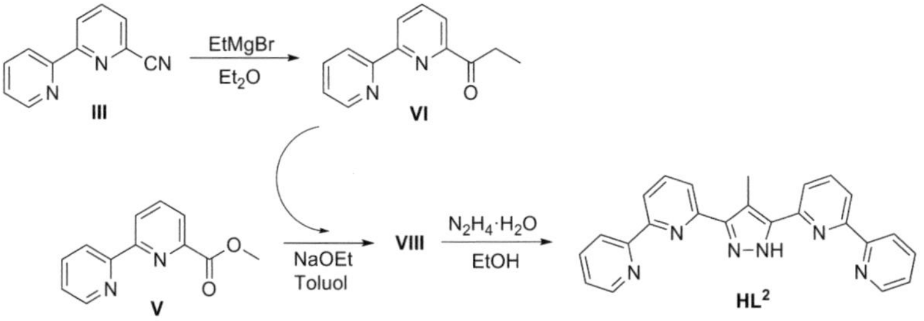

Abbildung 6.1.: Synthese des Liganden **HL²**

6.2. Der Eisen-Gitterkomplex 3

Für die ersten Ansätze wurde der Ligand mit Triethylamin in DMF vorgelegt und Fe(OTf)$_2 \cdot 2$ MeCN unter Schutzgas zugegeben. Nach Rühren der tiefroten Lösung bei Raumtemperatur und anschließender Fällung mit Diethylether konnte als Rohprodukt ein schwarzes Pulver erhalten werden. Zur Aufreinigung wurde mit Aceton extrahiert. Letzlich wurde der Zielkomplex $[Fe_4^{II}L_4^2](OTf)_4$ durch langsame Diffusion von Diethylether in eine Lösung des Komplexes in DMF, Acetonitril oder Aceton kristallisiert. Die kristallographische Strukturaufklärung war nur mit den aus DMF/Et$_2$O gewonnenen Kristallen möglich. Die aus der Kristallographie gewonnenen Informationen über die Spinzustände wurden durch vorläufige magnetische Messungen bestätigt. Im Vergleich dazu wurden die aus Acetonitril und Aceton gewachsenen Kristalle gemessen, die insgesamt ein ähnliches Verhalten zeigen. Trotz unterschiedlicher Abweichung und Unregelmäßigkeiten liegt die Verbindung über den Großteil des Temperaturbereichs in der [2HS-2LS]-Konfiguration vor. Im Mößbauer-Spektrum wurden für $[Fe_4^{II}L_4^2](OTf)_4$ stets mehrere Signale erhalten, die nicht eindeutig zugeordnet werden konnten.

Aufgrund der aufgetretenen Probleme mit dem Triflat-Salz wurde der vielversprechende Komplex analog als Tetrafluoroborat-Salz synthetisiert. Der ebenso durch Extraktion des Rohproduktes mit Aceton gewonnene pulverförmige Komplex $[Fe_4^{II}L_4^2](BF_4)_4$ (**3**) wurde durch langsame Diffusion von Diethylether in eine Lösung in Acetonitril kristallisiert.

Strukturelle Eigenschaften

Die kristallographische Untersuchung geeigneter Kristalle von **3** führte zur Molekülstruktur (Abbildung 6.2, links) des erwarteten Gitterkomplexes, in dem jedes Eisenion (verzerrt) oktaedrisch von zwei senkrecht zueinander angeordneten Liganden koordiniert wird. Vier Tetrafluoroborat-Ionen gleichen die Ladung aus, außerdem ist mindestens ein Acetonitril-Molekül in der Zelle enthalten. Es liegen zwei kristallographisch unterschiedliche Eisenzentren vor, Fe1 und Fe2. Fe1′ und Fe2′ können durch Symmetrieoperation erzeugt werden. Die Planarität der Liganden ist noch stärker beeinträchtigt als in den bislang diskutierten Fällen (Abschnitt 4.2). Sie erscheinen S-förmig durchgebogen, als Maß für die Verdrillung kann der Diederwinkel zwischen den Ebenen der beiden terminalen Pyridinringe herangezogen werden. Dieser beträgt 37° bzw. 42°. Die mittleren Fe–N-Bindungsabstände bei 133 K liegen für Fe1 bei 2.19 Å und Fe2 bei 1.97 Å, was für ein HS-Fe^{II} (Fe1) und ein LS-Fe^{II} (Fe2) spricht. Die Koordinationsumgebung für Fe1 kann aufgrund der extremen Verzerrung nur noch bedingt als oktaedrisch bezeichnet werden. Die Winkel weichen im Mittel um 17 % vom idealen Oktaeder ab, einen Extremfall bildet der N1–Fe1–N13-Winkel, der statt 90° auf 130° aufgeweitet ist (45 % Abweichung). Die starke Verzerrung spiegelt sich auch in den Symmetriemaßen für den Oktaeder und das ideale trigonale Prisma wider, Der $S(O_h)$ ist sehr hoch (Tabelle 6.1), sogar deutlich höher als $S(itp)$, die Koordinationsumgebung liegt demnach also überraschenderweise näher am trigonalen Prisma als am Oktaeder.

Wie in der strukturellen Auswertung bereits vorweggenommen, ist die Konfiguration der Spinzustände zweifach entartet. Wie diese beiden entarteten Zustände ineinander überführt werden können, ist noch nicht klar. Möglicherweise steht die problematische Strukturaufklärung der aus den anderen Lösungsmitteln kristallisierten Verbindungen im Zusammenhang mit dieser Entartung. Liegen beide Konfigurationen nebeneinander im Kristall vor, könnte dieses als

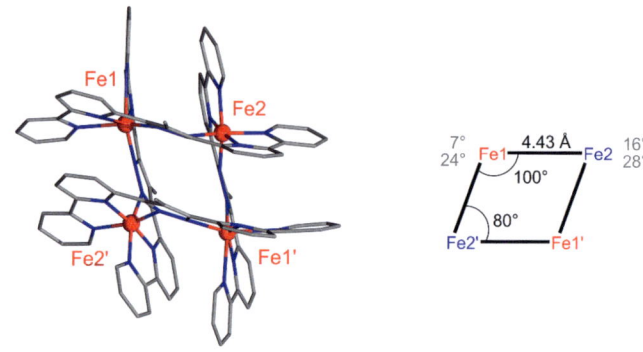

Abbildung 6.2.: Links: Molekülstruktur des Komplexes **3** ohne Lösungsmittel und Gegenionen. Rechts: Fe_4-Raute mit Winkeln. LS-Fe^{II} blau, HS-Fe^{II} rot. In grau ist die Torsion der terminalen Pyridinringe gegen den Pyrazolring desselben Liganden angegeben.

Fehlordnung beobachtet werden. Die Unterscheidung zwischen diesem Fall und allgemein schlechter Kristallqualität ist jedoch nicht möglich.

Magnetische Eigenschaften

Die magnetischen Eigenschaften von **3** wurden an drei verschieden vorbereiteten Proben untersucht, da insbesondere das Spinübergangsverhalten stark davon abhängig ist (Abschnitt 4.2). In Abbildung 6.3 ist $\chi_M T$ gegen T für a) polykristallines Material und b) ein Kristallensemble (einige Einkristalle) aufgetragen. Ergänzend dazu wurde c) ein einzelner Einkristall vermessen, bei dem Probenmasse und Korrekturen nachträglich angepasst wurden. Die optimale Messung bildet die am polykristallinen Material, um Orientierungseffekte zu vermeiden. Im Anschluss soll auf den Einfluss unterschiedlicher Präparation noch eingegangen werden. Die Kurve für a) bleibt im Temperaturbereich zwischen 50 und 300 K nahezu konstant auf einem Level von 7.25 cm^3Kmol^{-1}. Dieser Wert deckt sich mit dem Erwartungswert für zwei $S = 2$–Zentren mit einem g-Wert von 2.20. Unterhalb von 50 K bewirkt die Nullfeldaufspaltung einen steilen Abfall von $\chi_M T$. Der Bereich bis 200 K konnte unter Verwendung zweier nicht-gekoppelter (signifikante antiferromagnetische Kopplung kommt hier aufgrund der diagonalen Spinzustandsverteilung im Molekül nicht infrage) $S = 2$–Zentren angepasst werden (rote

Tabelle 6.1.: Mittlere Fe–N-Bindungslängen, Spinzustände und Symmetriemaße S für einen idealen Oktaeder (O_h) und ein ideales trigonales Prisma (itp) für Komplex **3** bei 133 K.

	$d_{mean}/\text{Å}$	HS/LS	$S(O_h)$	$S(itp)$
Fe1–N	2.19	HS	8.44	4.89
Fe2–N	1.97	LS	2.34	11.1
Fe1–N(3)[a)]	2.31			
Fe1–N(1,2)[a)]	2.13			
Fe$\cdots$Fe	4.43			

Anmerkung a) N(1,2) sind die Stickstoffdonoren des Pyrazols und des mittleren Pyridins, N(3) gehört zum terminalen Pyridin

Linie in Abbildung 6.3 links). Die Nullfeldaufspaltung D beträgt dabei 11.4 cm^{-1}. Oberhalb von 200 K beginnt $\chi_M T$ allmählich zu steigen und erreicht bei 350 K einen Wert von 8.5 cm^{3}Kmol^{-1}. Die „Abkühlungsmessung" von 350 auf 200 K zeigt, dass die Kurven nicht mehr exakt aufeinander liegen. Ob es sich hier um einen partiellen Spinübergang oder um Lösungsmittelverlust (oder beides) handelt, soll durch die Messung an kompletten Kristallen bis 400 K (Abbildung 6.3, rechts, b) geklärt werden. Folgende Unterschiede und Gemeinsamkeiten sollen festgehalten werden: Für die nicht-gemörserte Probe b) steigt $\chi_M T$ mit sinkender Temperatur tendenziell etwas (Maximum bei etwa 37 K), was wahrscheinlich auf Orientierung der Kristalle im Feld zurückzuführen ist. Ein Beleg dafür liefert die Messung c) am Einkristall, der zur Orientierung nicht in der Lage ist und sich exakt wie die polykristalline Probe verhält. Das steile Absinken unterhalb von 35 K ist allen Proben gemein und auf Nullfeldaufspaltung zurückzuführen. Für den Temperaturbereich oberhalb von 300 K wird für beide ähnliches Verhalten beobachtet. Die Probe (c) wurde bis 400 K gemessen, dabei steigt $\chi_M T$ auf 9.6 cm^{3}Kmol^{-1}, was bereits nahe am Wert für die [3HS-1LS]-Konfiguration liegt ($\chi_M T = 10.89$ cm^{3}Kmol^{-1} für $g = 2.2$). Es könnte sich um einen teilweisen Spinübergang handeln, der jedoch von einem weiteren Effekt begleitet wird, da der Messabschnitt von 400 auf 300 K, sich nicht mit dem von 300 auf 400 K deckt. Die Bedingungen im Magnetometer (Unterdruck, etwa 5 mbar und 400 K) können einen Lösungsmittelverlust bewirken, der einen entsprechenden Effekt auf den Kurvenverlauf hätte.

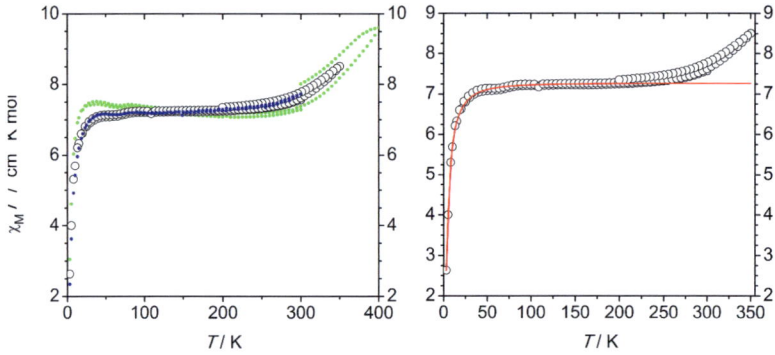

Abbildung 6.3.: Temperaturabhängigkeit des Produktes $\chi_M T$. Links: Auftragung für drei unterschiedlich präparierte Proben. a) gemörsertes kristallines Material (schwarze Kreise), b) einige vollständige Kristalle (grüne Punkte), c) Ein einzelner Einkristall (blaue Punkte); rechts: Daten aus gemörsertem kristallinem Material (schwarze Kreise) mit Anpassungskurve (rot).

Mößbauer-Spektroskopie

Ein genauerer Einblick in die Eigenschaften der Eisenzentren kann durch Mößbauer-Spektroskopie erhalten werden. Sechs Spektren wurden zwischen **7** und 300 K aufgenommen, in Abbildung 6.4 sind drei ausgewählte Spektren abgebildet. Bei allen Temperaturen setzt sich das Spektrum aus zwei Dubletts zusammen, deren Flächen etwa im Verhältnis 50:50 stehen (vgl. Abbildung 6.5, rechts). Bei 250 K sind die beiden Dubletts klar voneinander getrennt und können mit zwei Unterspektren angepasst werden. Das blaue Unterspektrum weist typische Parameter für LS-Fe^{II} auf ($\delta = 0.31$ mm/s, $\Delta E_Q = 0.96$ mm/s). Das rote Unterspektrum gehört in Übereinstimmung mit den Strukturdaten zu HS-Fe^{II} ($\delta = 0.96$ mm/s, $\Delta E_Q = 1.30$ mm/s) , wobei die Quadrupolaufspaltung im Vergleich mit anderen Gitterkomplexen (Abschnitt 4.2) relativ klein ist. Während das LS-Fe^{II}-Dublett beim Abkühlen gleich bleibt, ändern sich die Parameter für das HS-Fe^{II}-Dublett signifikant. Bei 7 K ist die Isomerieverschiebung leicht erhöht ($\delta = 1.08$ mm/s), während die Quadrupolaufspaltung zwar deutlich gestiegen ($\Delta E_Q = 2.13$ mm/s), jedoch immer noch vergleichsweise klein ist. Die beiden Dubletts laufen dabei sukzessive ineinander, bis bei 7 K nur noch drei Peaks zu beobachten sind.

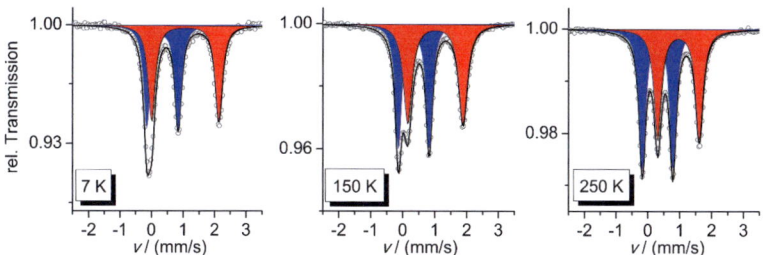

Abbildung 6.4.: Mößbauer-Spektren von **3** bei drei Temperaturen (7, 150, 250 K). Auf Anpassung asymmetrischer Dubletts wurde verzichtet.

Die Verringerung der Quadrupolaufspaltung mit steigender Temperatur ist auf einen geringeren Valenzbeitrag zurückzuführen. Die *Jahn-Teller*-Aufspaltung Δ hat die Größenordnung von thermischer Energie und wird temperaturabhängig entsprechend der *Boltzmann*-Statistik besetzt. Welche d-Orbitale bei niedrigen Temperaturen vorwiegend besetzt sind und zu einer großen Quadrupolaufspaltung führen, ist noch herauszufinden. Die *J-T*-Aufspaltung Δ bestimmt die Temperaturabhängigkeit von ΔE_Q nach der Gleichung:

$$\Delta E_Q(T) = \Delta E_Q(0) \cdot \frac{1 - e^{(-\Delta/kT)}}{1 + e^{(-\Delta/kT)}}$$

Der Wert von Δ hat jedoch ohne die genaue Kenntnis der elektronischen Struktur keine physikalische Bedeutung. Es soll hinzugefügt werden, dass in der Molekülstruktur keine Jahn-Teller-Verzerrung beobachtet wurde. Die Berechnung der elektronischen Struktur ist zur Zeit im Gange.

Die Temperaturabhängigkeit der Isomerieverschiebung basiert auf dem *Doppler*-Effekt zweiter Ordnung (SOD).[177] Die *Doppler*-Verschiebung zweiter Ordnung δ_{SOD} ist ein relativistischer Beitrag zur Isomerieverschiebung und wird zu der echten Isomerieverschiebung addiert (ist vom Betrag her jedoch negativ). Die thermische Bewegung der emittierenden und absorbierenden Kerne bewirkt eine relativistische Verschiebung der γ-Energie. δ_{SOD} sinkt daher mit der Temperatur und lässt sich unter Verwendung folgender auf dem *Debye*-Modell basierenden Gleichung beschreiben:

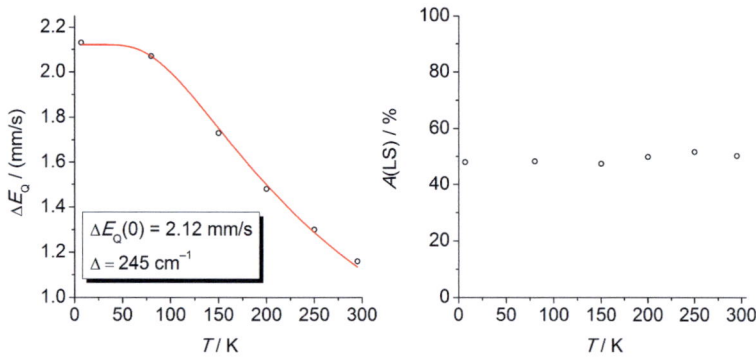

Abbildung 6.5.: Links: Temperaturabhängigkeit der Quadrupolaufspaltung des HS-Anteils von **3** mit Anpassungskurve (rot). Rechts: Temperaturabhängigkeit des Flächenanteils des LS-Dubletts.

$$\delta_{SOD} = -\frac{9\,k_B\,E_\gamma}{16\,M_{eff}\,c^2}\left(\Theta_M + 8\,T\left(\frac{T}{\Theta_M}\right)^3\int_0^{\Theta_M/T}\frac{x^3}{e^x-1}dx\right)$$

Mit den Parametern Θ_M (Mößbauer-Temperatur, Maß für die Festigkeit des Festkörpers) und M_{eff} (effektive Masse) ergeben sich die in Abbildung 6.6 gezeigten Anpassungen[1] (rote Kurven). x steht für die Kernauslenkung. Die Mößbauer-Temperatur ist für LS-Fe[II]deutlich größer (ca. dreimal so groß) als für HS-Fe[II] (sieheAbbildung 6.6). Unter Berücksichtigung der mit dem LS-Zustand verbundenen höheren Bindungsordnung und kürzeren Metall-Donor-Bindungslängen wird die höhere „Festigkeit" plausibel.

Mößbauer-Spektroskopie in Lösung

Zusätzlich zu den Mößbauer-Spektren im Festkörper wurden Messungen in gefrorener Lösung (MeCN, 50 mmol/L) bei zwei Temperaturen (80 und 180 K) durchgeführt. Die Lösungsspektren weichen von den Festkörperspektren ab. Die Anpassung mit zwei Unterspektren mit dem Flächenverhältnis 3:1 belegt eine

---

[1]durchgeführt mit dem Programm „SOD", E. Bill, Max-Planck-Institut für Bioanorganische Chemie, Mülheim/Ruhr, Germany.

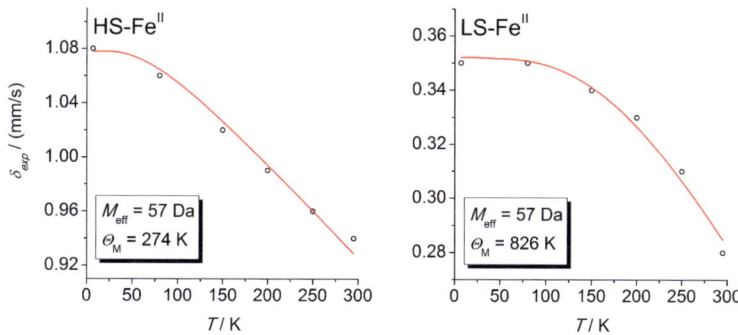

Abbildung 6.6.: Temperaturabhängigkeit der Isomerieverschiebung der HS-Spezies (links) und der LS-Spezies (rechts) von **3**.

1[HS]-3[LS]-Verteilung der Fe^{II}-Ionen im Molekül. In Lösung ist, wie in der Einleitung beschrieben, der LS-Zustand favorisiert, ein ähnlicher Effekt wurde auch schon für den Komplex **1** (Kapitel 4) festgestellt, möglicherweise hängt dies mit dem geringeren „strukturellen Stress" in Lösung zusammen. Temperaturabhängigkeit wurde nicht beobachtet. Die Isomerieverschiebung beider Unterspektren bleibt nahezu gleich, die Quadrupolaufspaltung für LS-Fe^{II} ebenso, die für HS-Fe^{II} ist größer ($\Delta E_Q = 2.44$ mm/s).

Elektrochemie

Die Elektrochemie des vorliegenden Komplexes **3** wurde in Acetonitril im Bereich von –0.2 bis 0.8 mV (vs. SCE) untersucht. Das Cyclovoltammogramm zeigt vier Oxidationsprozesse (1–4, Abbildung 6.8 und Tabelle 6.3). Hinsichtlich der Separation von Oxidations- und Reduktionswelle ($\Delta E_p \approx 100$ mV) sowie der Kurvenform sind die ersten beiden Oxidationsprozesse reversibel (Zum Vergleich: Für den internen Standard Cp_2^*Fe wurde eine Separation $\Delta E_p = 75$ mV gefunden). Für den dritten und vierten Oxidationsprozess wurde eine etwas größere Separation gefunden, ($\Delta E_p \approx 140$ mV) in Verbindung mit der Kurvenform werden diese als quasireversibel eingestuft. Die Messung bei 100 mV/s deutet auf eine Zersetzung der vierfach oxidierten Spezies hin, die letzte Welle ist in der Reduktionsmessung nur noch schwer erkennbar Der Ablauf erfolgt, analog zu Komplex **1**,

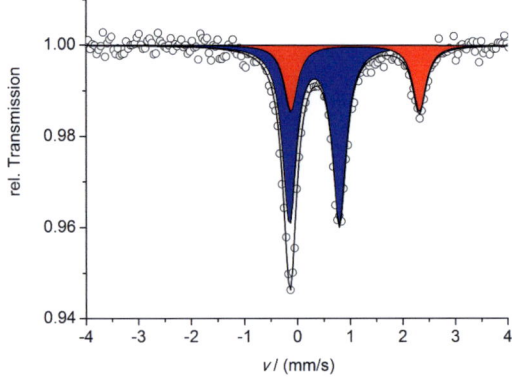

Abbildung 6.7.: Mößbauer-Spektrum von **3** in gefrorener MeCN-Lösung (50 mmol/L) bei 80 K. Die Unterspektren sind lorentzförmig angepasst. Blaues Dublett: LS-Fe^{II} (73 % Fläche), rotes Dublett: HS-Fe^{II} (27 % Fläche).

in zwei Oxidations-Paaren. Die ersten beiden und die letzten beiden Prozesse bilden jeweils ein Paar, dessen Halbstufenpotentiale relativ dicht beieinander liegen und deren Wellen sich weitgehend überlagern. Zwischen diesen Paaren liegt ein recht weiter Potentialbereich von etwa 500 mV. Die Oxidationssequenz entspricht wahrscheinlich der von **1**, wenngleich sie in diesem Fall nicht durch Isolierung und Strukturaufklärung der gemischtvalenten Spezies [Fe$_4^{II}$L$_4^2$]$^{6+}$ belegt wurde. Es wird also angenommen, dass die zweite Oxidation am diagonal gegenüberliegenden Eisenzentrum stattfindet, welches elektronisch am wenigsten von der ersten Oxidation beeinflusst wird und daher eng an der ersten Oxidationswelle liegt. Die dritte und vierte Oxidation erfolgen jeweils in zweifacher Nachbarschaft eines Fe^{III}, wodurch ein deutlich höheres Potential überwunden werden muss. Im Vergleich mit dem Redox-Verhalten von Komplex **1** ist der vorliegende Komplex **3** bei signifikant niedrigerem Potential zu oxidieren. Analog zum Effekt auf das Ligandenfeld kann dies mit der durch die Methylgruppen leicht erhöhten Elektronendichte begründet werden, die den Fe^{III}-Zustand stabilisiert.

Versuche zur chemischen Oxidation wurden in Anlehnung an die Oxidation des Komplexes **1** unternommen, es war auch stets ein Farbumschlag zu blau-grün zu beobachten, es konnte jedoch kein reines Material isoliert werden, welches zur Untersuchung geeignet war.

Tabelle 6.2.: Gesammelte Mößbauer-Parameter für Komplex **3**.

T / K	Eisenspezies	δ / (mm/s)	ΔE_Q/(mm/s)	Γ_{FWHM}/(mm/s)
7	LS-Fe^{II}	0.35	0.99	0.25
	HS-Fe^{II}	1.08	2.13	0.29
80	LS-Fe^{II}	0.35	0.98	0.25
	HS-Fe^{II}	1.06	2.07	0.31
150	LS-Fe^{II}	0.34	0.96	0.24
	HS-Fe^{II}	1.02	1.73	0.34
200	LS-Fe^{II}	0.33	0.96	0.24
	HS-Fe^{II}	0.99	1.48	0.29
250	LS-Fe^{II}	0.31	0.96	0.24
	HS-Fe^{II}	0.96	1.30	0.29
80$^{a)}$	LS-Fe^{III}	0.32	0.94	0.31
	HS-Fe^{II}	1.10	2.44	0.31

Anmerkung a) Messung in gefrorener MeCN-Lösung

Tabelle 6.3.: Zusammengefasste elektrochemische Parameter von **3** aus der cyclovoltammetrischen Messung für die Oxidationsprozesse 1–4.

	$E_{1/2}$ / mV	ΔE_p / mV	$E_{1/2}^{n+1} - E_{1/2}^{n}$ / mV	oxidierte Spezies (K_c)
1	518	102		$[Fe_3^{II}Fe^{III}L_4^1]^{5+}$ ($4.41 \cdot 10^2$)
2	674	108	156	$[Fe_2^{II}Fe_2^{III}L_4^1]^{6+}$ ($3.35 \cdot 10^8$)
3	1177	135	503	$[Fe^{II}Fe_3^{III}L_4^1]^{7+}$ ($6.26 \cdot 10^3$)
4	1401	138	224	$[Fe_4^{III}L_4^1]^{8+}$

Weitere Untersuchungen

UV/vis-Spektren wurden in Acetonitril im Bereich von 210 bis 2000 nm aufgenommen. Zwischen 210 und 400 nm sind drei intensive Banden (ϵ zwischen 70000 und 120000) zu beobachten, die ligandenbasierten $\pi \rightarrow \pi^*$–Übergängen zugeordnet werden können. Im freien Liganden werden diese ebenso beobachtet, sind jedoch etwas verschoben. Die Banden im sichtbaren Bereich bei 540, 690 und 870 nm (Abbildung 6.9 rechts) werden MLCT-Übergängen zugeordnet. Im Festkörper werden im Wesentlichen dieselben Banden beobachtet. Entgegen der Erwartung sind diese Banden längerwellig als im Komplex 1^{4+}.

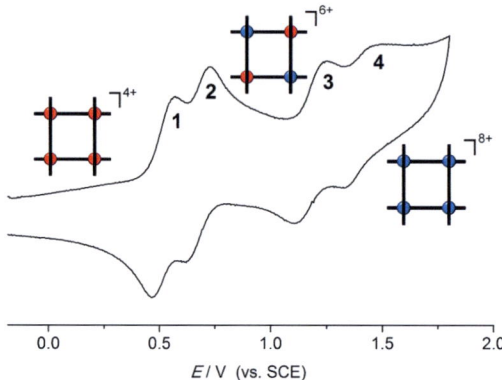

Abbildung 6.8.: Cyclovoltammogramm von **3** in MeCN/0.1 M NBu$_4$PF$_6$ bei einer Vorschubgeschwindigkeit von 1000 mV/s. Als interner Standard wurde das Redoxpaar Cp$_2^*$Fe/Cp$_2^*$Fe$^+$ verwendet und auf SCE als Referenz umgerechnet.[171]

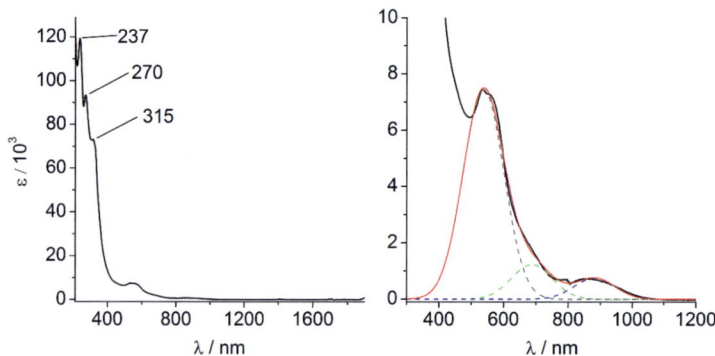

Abbildung 6.9.: UV/vis-Spektren von **3** in MeCN (1.7·10^{-5} mol/L). Links: Überblick mit zugeordneten Ligandenbanden. Rechts: sichtbarer Bereich (metallbasierte Übergänge), der mit drei gaußförmigen Unterbanden angepasst wurde (gestrichelt). Die Summe der Anpassungskurven ist in rot abgebildet.

Fazit

Der vorliegende Komplex stellt – obwohl im Temperaturbereich bis 250 K kein Spin-Crossover beobachtet wird – eine Weiterentwicklung des Komplexes **1** dar. Die hier nachgewiesene Spinkonfiguration [2HS]-[2LS] mit diagonaler Verteilung gleicher Zustände ist über einen weiten Temperaturbereich stabil. Diese hinsichtlich Verwendung in QCA besonders attraktive Konfiguration soll in Kooperation durch STM-Experimente weiter untersucht werden.

Teil III.

Heterometallische Gitterkomplexe

7. Einführung

Die meisten bekannten Gitterkomplexe sind homometallisch und vom quadratischen [2 × 2]-Typ. Ein alternativer Ansatz, um Kontrolle über die Eigenschaften des Moleküls und insbesondere der einzelnen Metallionen zu gewinnen, ist die Einführung unterschiedlicher Metallionen. Diese können aufgrund ihrer besonderen Charakteristika den Spielraum für physikalische Veränderungen und Schaltbarkeit vergrößern. Das Augenmerk liegt hierbei auf C_2-symmetrischen *anti*-Topoisomeren, in denen jeweils zwei gleiche Metallionen auf diagonal gegenüberliegenden Plätzen liegen. Es wurden verschiedene Routen zur Synthese heterometallischer Komplexe entwickelt.

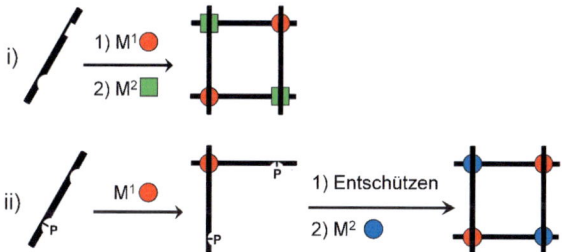

Abbildung 7.1.: Routen zu heterometallischen Gitterkomplexen: i) toposelektiv unter Verwendung heteroditoper Liganden, ii) über einseitig geschützte Liganden (Schutzgruppe P) und Corner-Komplexe.

i) Durch die Verwendung heteroditoper (unsymmetrischer) Liganden können verschiedene Metallionen aufgrund ihrer unterschiedlichen Koordinationseigenschaften erkannt und selektiv gebunden werden. Dies kann durch Vorgabe von unterschiedlichen Koordinationsgeometrien erfolgen, beispielsweise eine zweizähnige und eine dreizähnige Tasche (resultierend in tetraedrischer bzw. oktaedrischer Koordination). Eine Art der Differenzierung für [2 × 2]-Gitter besteht darin, bei gleicher Zähnigkeit der beiden Taschen unterschiedliche Substituenten (inklusive Wasserstoff) im Rückgrat einzuführen, um relativ kleine Unterschiede der Bindungstaschen zu erzielen. Mit heteroditopen Liganden bilden sich die Komplexe zwangsläufig nur als *anti*-Topoisomere. Auf diese Weise konnten mit anderen Ligandensystemen bereits gemischtmetallische Cu_2Zn_2-[178] und $Fe_2^{III}Ni_2^{II}$-Gitterkomplexe[123] synthetisiert werden.

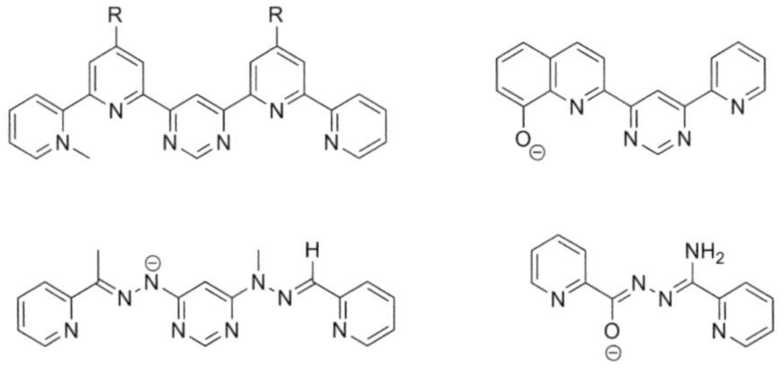

Abbildung 7.2.: Auswahl von Liganden, die zur Synthese heterometallischer Komplexe eingesetzt wurden.

ii) Die stufenweise Koordination unterschiedlicher Metallionen über intermediäre „Corner-Komplexe" kann auf verschiedene Methoden erfolgen. Das Schützen/Entschützen einer Tasche von homoditopen Liganden ermöglicht eine gezielte Synthese von Corner-Komplexen. Zu beachten ist hierbei der „Coupe du Roi" (frz., wörtl. übersetzt: Königsschnitt). Durch Zerlegen einer achiralen Komponente erhält man zwei homochirale Komponenten, häufig wurde dies mit dem Zerschneiden eines Apfels verglichen.[179] Homonukleare Gitterkomplexe sind achiral, heteronukleare chiral; deren Vorstufen, die Corner-Komplexe, sind aber immer homochiral. Corner-Komplexe werden racemisch in *R*- oder *S*-Konfiguration gebildet. Diese Chiroselektivität wurde für pyrimidinbasierte $M_2^1M_2^2$-Komplexe (mit $M^1 = Ru$, Os; $M^2 = Fe$, Co, Ni) untersucht.[180] In den meisten Beispielen wurde der Stickstoff eines terminalen Pyridinrings von Bis(bipyridyl)-pyrimidin-Liganden methyliert, bevor die Komplexsynthese mit dem ersten (stabilere Komplexe bildenden – z. B. Ru) Metallion durchgeführt wurde.[112,180] Alternativ wurden heterometallische Gitterkomplexe in einer dreistufigen Synthese über Corner-Komplexe hergestellt, die eine Vorstufe des Liganden enthalten.[114,181] In einer späteren Arbeit fanden solche hydrazonbasierte Liganden Verwendung durch Differenzierung in eine protonierbare und eine nicht-protonierbare Tasche.[108]

iii) Ein dritter Zugang zu heterometallischen Komplexen ist die Verwendung von „Komplexen als Liganden"[106]. Ausgehend von einem Mn_9-[3 × 3]-Gitterkomplex wurden Substitutionsreaktionen mit Zn^{II} und Cu^{II} durchgeführt die zu $Mn_5^{II}Zn_4^{II}$- bzw. $Mn_5^{II}Cu_4^{II}$-Komplexen mit unterschiedlicher Verteilung der Metalle auf die Gitterplätze führten, wobei die Mn_5-Fragmente als Liganden angesehen werden können.[102]

8. Ein sechskerniger rhombusförmiger Eisen/Silber-Komplex

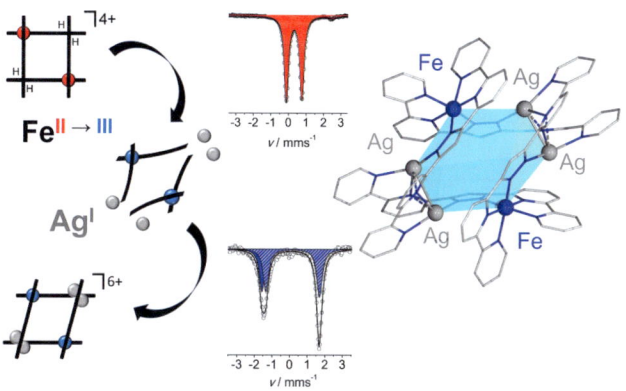

Abweichend von den anderen heterometallischen Komplexen in der vorliegenden Arbeit – welche *via* Route i), also mit heteroditopen Liganden hergestellt wurden (siehe Kapitel 9) – wird hier ein rautenförmiger $[L_4Fe_4(Ag_2)_2]$-Komplex (**5**) mit gitterähnlicher Struktur vorgestellt. Der Komplex wurde zum ersten Mal als Nebenprodukt bei der Oxidation des Fe_4^{II}-Gitters (Abschnitt 4.3) beobachtet. Die kristallographische Untersuchung der ähnlich aussehenden blauen Kristalle brachte einen sechskernigen gitterähnlichen Komplex zutage. Aufgrund der außergewöhnlichen Struktur schien es vielversprechend, diesen Komplex gezielt herzustellen. Folglich wurde eine Synthese über den intermediären Cornerkomplex $[Fe(\mathbf{HL^1})_2]^{2+}$ (**4**) entwickelt. Während homonukleare silberhaltige Gitterkomplexe sowohl vom Typ [2 × 2], als auch [2 × 3] und [3 × 3] recht häufig sind,[103,182] ist das gemeinsame Vorliegen von Fe und Ag nach unserem Wissen nicht bekannt. Zu nennen sei lediglich ein Fe_4^{II}-Gitterkomplex, welcher mit Donoratomen in der Peripherie über Ag-Koordination eine Art Übergitter ausbildet.[154]

8.1. Der dimerisierte Corner-Komplex 4

Der noch protonierte Ligand **HL¹** bietet den Vorteil, dass die freibleibende Bindungstaschen nicht geschützt werden muss, um Corner-Komplexe zu erhalten. Das in die Tasche zeigende Pyrazol-N–H erfüllt diese Rolle und kann für den Folgeschritt basisch abstrahiert werden, bevor das zweite Metall gebunden wird. Diese Möglichkeit wurde bereits in unserer Arbeitsgruppe genutzt, um rutheniumhaltige heteronukleare Komplexe zu synthetisieren.[183] Dieser Weg weicht von allen o. g. bekannten Routen ab. In dem vorliegenden Fall werden zwei Äquivalente Ligand und ein Äquivalent Fe^{II}-Salz in Nitromethan zur Reaktion gebracht, um den Corner-Komplex herzustellen, der in hohen Ausbeuten entsteht und auch isoliert werden kann. Der Komplex **4** kann nach Filtration kristallin aus der roten Lösung gewonnen werden, indem diese mit Diethylether überschichtet wird. Die für die kristallographische Untersuchung nicht hinreichende Qualität der Kristalle wurde durch Umkristallisation aus $MeCN/Et_2O$ verbessert.

Im Kristall liegen neben dem vierfach geladenen Komplex vier Tetrafluoroborat-Ionen und vier MeCN-Moleküle vor. Der Komplex erscheint auf den ersten Blick wie ein [2 × 2]-Gitter mit zwei Löchern. Vier Wasserstoffbrücken stabilisieren ein Dimer der Zusammensetzung $[Fe(HL^1)_2]_2^{4+}$ (Abbildung 8.1). Die $[Fe(HL^1)_2]$-Untereinheiten sind – obwohl kristallographisch unterschiedlich – nahezu gleich und werden im Folgenden gleichzeitig diskutiert. Die Eisen(II)-Ionen befinden sich wie erwartet in oktaedrischer Koordinationsumgebung, die aus zwei senkrecht zueinander angeordneten Liganden gebildet wird. Die Fe–N-Bindungslängen (mit den mittleren Abständen d (Fe–N) = 1.95 Å) und N–Fe–N-Winkel (mittlere Abweichungen vom idealen Oktaeder 8 %) weisen auf LS-Fe^{II} hin. Die Oktaederwinkel weichen weniger vom Ideal ab als in vollständigen [2 × 2]-Gittern, was auf die wesentlich flexibleren Wasserstoffbrücken in Nachbarschaft zurückzuführen ist. Die H-Brücken bilden sich jeweils zwischen dem Pyrazol-NH (N^{pz}–H) und einem nicht-terminalen Pyridin-N (N^{py}). Die

$N^{pz} \cdots N^{py}$-Abstände reichen von 2.90 - 2.99 Å. Auch das terminale N^{py} ist an der Wasserstoffbrücke beteiligt, da es – anders als im freien Liganden – *cis* zu den anderen beiden N-Donoren der Tasche steht, der mittlere $N^{pz} \cdots N^{py}$-Abstand von 2.87 Å bestätigt dies. Die in Abbildung 8.1 dargestellte Molekülstruktur ist ein Dimer aus zwei homochiralen Corner-Komplexen. Die Verbindung ist in der nichtchiralen Raumgruppe $P21/n$ kristallisiert, enthält also ebensoviele *R*- wie *S*-Enantiomere.

Bei der kristallographischen Untersuchung wurde für eines der „Löcher" (eine nicht mit Metall besetzte Position im Gitter) eine hohe Restelektronendichte gefunden, die keinem echten Atom zugeordnet werden konnte. Das gezeigte Mößbauerspektrum (Abbildung 8.2) derselben Kristallcharge zeigte neben dem erwarteten Dublett für LS-Fe^{II} (93 %, $\delta = 0.32$ mm/s, $\Delta E_Q = 0.88$ mm/s) einen geringen Anteil eines HS-Fe^{II}-Dubletts (7 %, $\delta = 0.92$ mm/s, $\Delta E_Q = 2.02$ mm/s). Die Parameter sind denen für HS-Fe^{II} aus dem Fe^{II}_4-Gitter **1** und dem Fe^{II}_3-Komplex **2** sehr ähnlich. Wahrscheinlich ist letztere Verbindung zu einem geringen Anteil kokristallisiert und für die Restelektronendichte im Kristall verantwortlich.

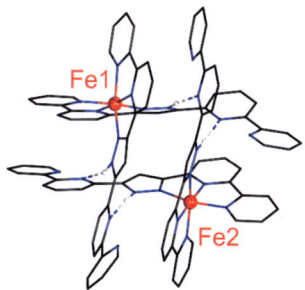

Abbildung 8.1.: Molekülstruktur des tetrakationischen dimerisierten Corner-Komplexes **4** ohne Gegenionen (BF_4) und Lösungsmittelmoleküle (MeCN).

8.2. Der sechskernige Eisen-Silber-Komplex 5

Für die Eintopfreaktion wurde der Komplex **4** nicht isoliert, sondern die Lösung des Cornerkomplexes direkt mit einem Überschuss an festem Na_2CO_3 und $AgBF_4$ versetzt. Letzteres erfüllt zwei Rollen: Pro Komplexmolekül werden zwei

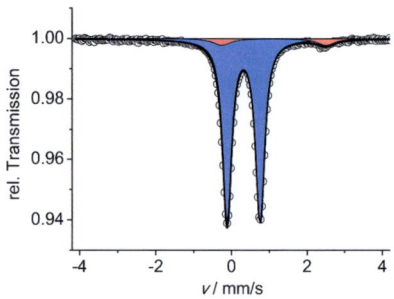

Abbildung 8.2.: Mößbauerspektrum von **4** bei 80 K.

Ag^I für die Oxidation zu Fe^{III} verbraucht, hier schlägt die Lösung sofort von rot zu blau um. In Gegenwart von Carbonat wird der Ligand zudem deprotoniert und durch die Koordination von Ag^I kann der Selbstaufbau zum sechskernigen Komplex stattfinden. Nach Abtrennen des ausgefallenen elementaren Silbers werden Kristalle durch langsame Diffusion von Diethylether in die Reaktionslösung gewonnen.

Strukturelle Eigenschaften

Die kristallographische Untersuchung lieferte den ungewöhnlichen sechskernigen, sechsfach geladenen [L$_4^1$Fe$_2$(Ag$_2$)$_2$]-Komplex **5** als BF$_4$-Salz. In der Elementarzelle sind zudem sechs MeNO$_2$-Moleküle enthalten. Die Liganden sind zwar noch paarweise grob parallel angeordnet, weichen aber in sich insgesamt stark von der Planarität ab. Die vier Protonen aus dem Corner-Komplex sind jeweils durch Ag$^+$ ersetzt worden, wobei das Gitter zu einem Rhombus verzerrt wird. Die {N$_6$}-Taschen an zwei Ecken des Rhombus binden jeweils eine Ag$_2$-Hantel. Die bemerkenswert kurzen Ag–Ag-Abstände ($d_{Ag1-Ag2}$ = 2.93 Å, $d_{Ag3-Ag4}$ = 2.88 Å) weisen auf d^{10}-d^{10}-Wechselwirkungen hin.[184,185] Die Ag–N-Abstände reichen von 2.134 Å bis 2.914 Å. Unter Vernachlässigung der Ag-Ag-Wechselwirkung kann die Koordinationsumgebung am besten als {3+1}-fach beschrieben werden: drei N-Donoren sind fast planar um ein Ag^I-Ion angeordnet, eins von diesen (N^{py}) bildet eine schwache unsymmetrische Brücke zur apikalen Position des benachbarten Ag^I. Die exponierte Rückseite der Ag^I-Ionen erfährt zusätzliche Stabilisierung durch das π-System eines parallelen bpy-Seitenarms (Abstand zu mittlerer py-Ebene: 2.99 und 3.12 Å). Diese Abstände sind länger als für übliche Ag-π-Wechselwirkungen bekannt,[186,187] aber kürzer als die Summe der vdW-Radien.[188]

Die zwei Fe^{III}-Ionen sitzen in den verbleibenden beiden Ecken des Rhombus und sind kristallographisch unterschiedlich. Die Koordinationsumgebung ist dennoch sehr ähnlich und wird im Folgenden für beide Fe gleichzeitig diskutiert. Die {N_6}-Umgebung wird aus zwei senkrecht angeordneten Liganden aufgebaut. Der resultierende Oktaeder ist stark verzerrt, manche Winkel weichen bis zu 11 % von den idealen Oktaederwinkeln ab. Die mittlere Fe–N-Bindungslänge beträgt 1.94 Å, eine erwähnenswerte Abweichung davon bilden die etwas längeren Bindungen zum terminalen N^{py} (gemittelt 1.99 Å). Insgesamt liegen die sechs Metallionen nahezu in einer Ebene und bilden ein nicht regelmäßiges Sechseck. Die maximale Abweichung aus der Ebene (*out-of-plane*) beträgt nur 0.2 Å.

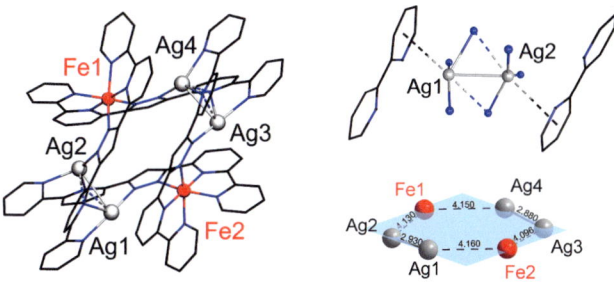

Abbildung 8.3.: Links: Molekülstruktur des hexakationischen sechskernigen Komplexes **5** ohne Gegenionen und Lösungsmittelmoleküle. Rechts oben: direkte Umgebung der Ag^I-Ionen mit bpy-Fragmenten aus gegenüberliegenden Liganden. Rechts unten: Metallionen in sechseckiger Ebene mit M–M-Abständen.

Mößbauer-Spektroskopie

Das Mößbauer-Spektrum einer kristallinen Probe von **5** zeigt bei 80 K ein unsymmetrisches Dublett. Die Daten lassen sich gut mit zwei lorentzförmigen Unterspektren anpassen, die aus den zwei sehr ähnlichen Fe^{III}-Zentren stammen. Sowohl die Isomerieverschiebungen ($\delta_1 = 0.16$ mm/s, $\delta_2 = 0.05$ mm/s) als auch die Quadrupolaufspaltungen ($\Delta E_{Q,1} = 3.04$ mm/s, $\Delta E_{Q,2} = 3.25$ mm/s) sind – auch

bei anderen Temperaturen (6 K, 200 K, siehe Anhang) – nur leicht unterschiedlich, beide sind typisch für LS-Fe^{III}. Dieser geringe Unterschied ist in Übereinstimmung mit den kristallographisch ermittelten geringfügig unterschiedlichen
Geometrien der Eisenionen an zwei Ecken des Rhombus. Eine zusätzliche Messung in gefrorener Lösung (MeNO$_2$, 50 mmol/L) ist dem Festkörper-Spektrum
sehr ähnlich und muss ebenso mit zwei Unterspektren angepasst werden. Entgegen der Erwartung liegen auch in Lösung zwei etwas unterschiedliche Eisenspezies vor, die Mößbauer-Parameter sind dabei fast exakt gleich (δ_1 = 0.12 mm/s,
$\Delta E_{Q,1}$ = 3.15 mm/s; δ_2 = 0.05 mm/s, $\Delta E_{Q,2}$ = 3.26 mm/s). Die Ursache dafür ist
unklar.

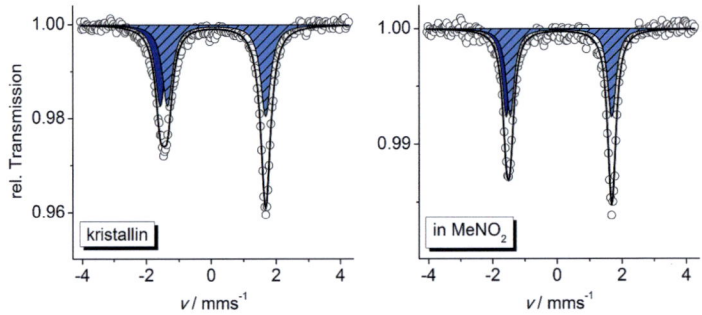

Abbildung 8.4.: Mößbauer-Spektren von **5** bei 80 K im Festkörper (links) und in gefrorener MeNO$_2$-Lösung (rechts).

Die Untersuchung der magnetischen Eigenschaften belegt das Vorliegen zweier
ungekoppelter LS-Fe^{III}-Ionen (Abbildung 8.5). Der Wert von $\chi_M T$ ist weitgehend
temperaturunabhängig (zwischen 0.95 und 1.00 cm^{3}Kmol^{-1}) und deckt sich mit
dem Erwartungswert (Spin-Only) für zwei ungekoppelte S = 1/2-Zentren (g =
2.10) unter Annahme einer Verunreinigung mit Komplex **1**$^{6+}$ von 2 %. Das Absinken von $\chi_M T$ unterhalb von 10 K ist eine Folge von feldabhängigen Sättigungs-
effekten.[189]

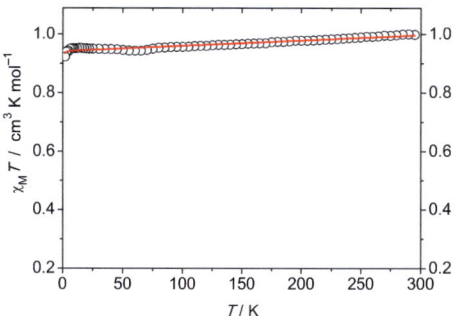

Abbildung 8.5.: Temperaturabhängigkeit von $\chi_M T$ für Komplex **5** bei 5000 Oe. In rot die Anpassungskurve.

Elektrochemie

Die cyclovoltammetrische Untersuchung wurde in Acetonitril durchgeführt. In der Reduktion wurde ein reversibler Prozess bei relativ hohem Potential beobachtet ($E_{1/2} = +0.547$ V *vs.* SCE), der wahrscheinlich auf ein Fe^{III}/Fe^{II}-Paar zurückgeführt werden kann. Ein weiterer (irreversibler) Reduktionsprozess wurde bei niedrigerem Potential ($E_p^{ox} = -0.118$ V) gefunden, bei dem vermutlich Ag^I zu Ag^0 reduziert wurde. In der Rückmessung findet sich eine anodische Welle ($E_p^{red} = -0.282$ V), bei der abgeschiedenes Ag^0 möglicherweise wieder reoxidiert und gelöst wird (*Stripping*).

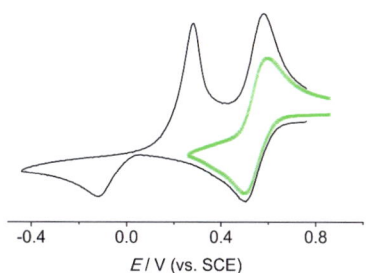

Abbildung 8.6.: Cyclovoltammetrische Messungen in MeCN/0.1 M NBu$_4$PF$_6$ bei einer Vorschubgeschwindigkeit von 100 mV/s.

UV/vis-Spektroskopie

Das elektronische Spektrum von **5** in $MeNO_2$ wurde im Bereich von 380–1500 nm aufgenommen. Im UV-Bereich sind mehrere starke Banden aufgrund ligandbasierter $\pi \rightarrow \pi^*$-Übergänge zu sehen. Die niederenergetischen Banden bei 800 nm und 580 nm stammen wahrscheinlich von LMCT-Übergängen unter Beteiligung des Fe^{III}. Diese These wird durch die enge Verwandtschaft des Spektrums mit dem von $\mathbf{1}^{6+}$ gestützt.

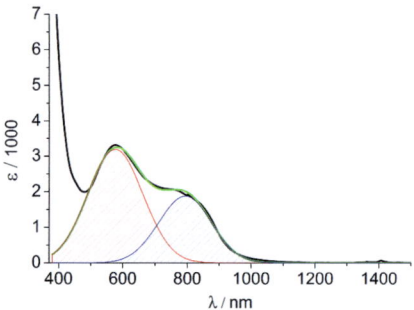

Abbildung 8.7.: UV/vis-Spektrum von **5** in MeCN mit zwei gaußförmigen Unterspektren zur Anpassung der experimentellen Daten (Summe der Unterspektren als rote Linie).

8.3. Fazit

In diesem Kapitel wurde ein ungewöhnlicher heterometallischer Gitterkomplex **5** vorgestellt, in dem zwei Fe^{III}-Ionen und zwei $(Ag_2)^{2+}$-Hanteln in einer Ebene liegen. Ein interessanter Aspekt ist die ausbleibende Wechselwirkung der beiden Eisenzentren: diese zeigten sich nicht nur magnetisch voneinander isoliert (keine Austauschkopplung), sondern in Lösung auch elektronisch.

9. Heterometallische Kupfer-Eisen-Gitterkomplexe

Ein Weg zu heterometallischen Gitterkomplexen ist die Verwendung unsymmetrischer Liganden. Voraussetzung für Toposelektivität ist die Differenzierung der zwei Bindungstaschen, die selektiv unterschiedliche Metallionen erkennen und binden. Hier soll dem tridentaten terpy-artigen $\{N_3\}$-Motiv der bislang verwendeten Liganden $\mathbf{HL^1}$ und $\mathbf{HL^2}$ ein bidentates $\{N_2\}$-Motiv zur Seite gestellt werden, um damit im Gitterkomplex Metallionen tetraedrischer Geometrie binden zu können. Insbesondere soll es dabei um heterometallische $Cu_2^I Fe_2^{II}$-Gitterkomplexe gehen.

9.1. Ligandensynthese

Die Ligandensynthese setzt auf der Stufe der pseudo-*Claisen*-Kondensation ein. Das Methyl-(2,2'-bipyridin)-methylcarboxylat (**V**) wird mit 2-Acetyl-pyridin (**IX**) und 2-Acetyl-pyrrol (**X**) umgesetzt. Auf diese Weise wurden Pyridin und Pyrrol als Seitenarme in den Liganden eingeführt (Abbildung 9.1).

Die resultierenden heteroditopen Liganden bieten zwar beide ein $\{N_2\}$-Motiv auf einer Seite des Liganden, sind aber doch recht unterschiedlich. Im Gegensatz zur Pyridin-Variante ist der Pyrrol-Ligand $\mathbf{H_2L^4}$ zweifach deprotonierbar und verspricht so neuartige anionische Komplexe.

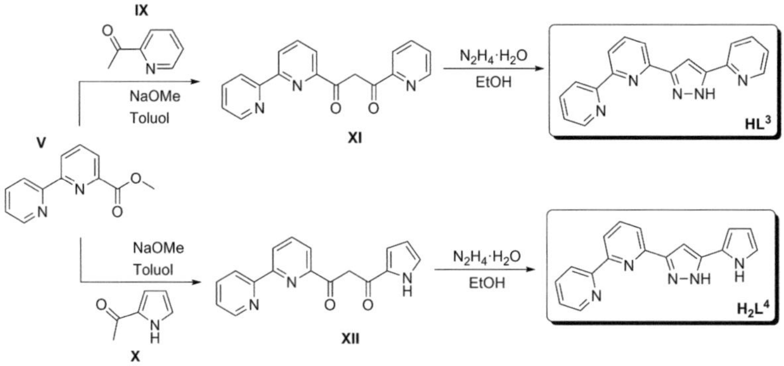

Abbildung 9.1.: Synthese der Liganden HL^3 und H_2L^4.

9.2. Erste Komplexe mit HL^3

9.2.1. Ein Eisen-Corner-Komplex (6) als Vorläufer

Eine Strategie zur Synthese heterometallischer Gitterkomplexe ist die Eintopf-synthese. Alternativ dazu können Vorläuferkomplexe hergestellt werden, die nur eine Metallsorte enthalten. Zusätzlich kann so überprüft werden, wie selektiv die Bindungstaschen die dafür vorgesehenen Metallionen binden können. Der Ligand HL^3 wird dazu ohne Base in Acetontril mit Eisen(II)-Salzen umgesetzt. Es wurden Eisensalze mit schwach koordinierenden Anionen wie Tetrafluoroborat oder Triflat eingesetzt, in beiden Fällen war die Synthese erfolgreich. Innerhalb von einer Stunde ist die Reaktion abgeschlossen und kristallines Material kann durch langsame Diffusion von Et_2O in die Reaktionslösung gewonnen werden.

Strukturelle Eigenschaften

Die kristallographisch ermittelte Molekülstruktur von **6** (Abbildung 9.2) zeigt den Corner-Komplex im korrekten Ligand/Metallverhältnis von 2:1, der über Wasserstoffbrücken zu einem Gitter der Formel $[Fe(HL^3)_2]_2^{4+}$ dimerisiert ist.

Die Eisenionen werden von den terpy-Taschen zweier orthogonal zueinander stehender Liganden oktaedrisch koordiniert. Neben dem Komplexdimer finden

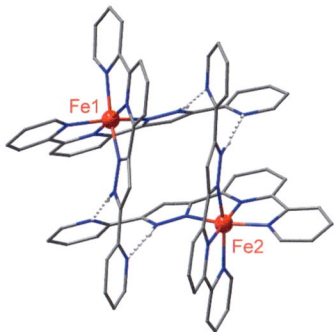

Abbildung 9.2.: Molekülstruktur von **6** ohne Gegenionen und Lösungsmittelmoleküle.

sich vier Tetrafluoroborat-Ionen und zwei MeCN in der Zelle. Die beiden Eisenionen sind kristallographisch zwar unterschiedlich, sich aber sehr ähnlich und werden im Folgenden gemeinsam besprochen. Die geringe Oktaederverzerrung ($S(O_h) = 2.1$) und die Fe–N-Bindungslängen von 1.95 Å sprechen für LS-Fe^{II}, was durch die Zahl der Gegenionen bestätigt wird. Die Wasserstoffbrücken sind durchschnittlich 2.86 Å lang (N$^{py}\cdots$N^{pz}). Sie bewirken, dass der beteiligte Pyridinring sich stark gegenüber der in sich recht koplanaren bpy-pz-Einheit verdreht (36-48°).

Mößbauer-Spektroskopie

Die mößbauerspektroskopische Untersuchung bei **6** und 295 K bestätigt das Vorliegen zweier äquivalenter LS-Fe^{II}-Zentren. Bei 6 K wird ein scharfes Dublett ($\Gamma_{FWHM} = 0.26\,\text{mm/s}$) beobachtet, dessen Parameter typisch für diese Eisenspezies sind ($\delta = 0.36$ mm/s, $\Delta E_Q = 0.94$ mm/s). Bei Temperaturerhöhung verringert sich als Folge des Doppler-Effekts zweiter Ordnung die Isomerieverschiebung geringfügig auf $\delta = 0.28$ mm/s.

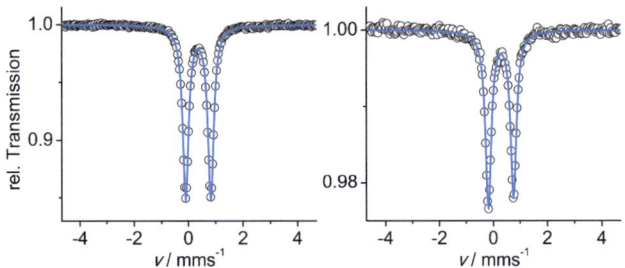

Abbildung 9.3.: Mößbauerspektren von **6** bei 6 K (links) und 295 K (rechts).

Elektrochemie

Das Redoxverhalten des Komplexes **6** wurde durch cyclovoltammetrische Messungen in Acetonitril untersucht (Abbildung 9.4). Besonders der Oxidationsbereich ist interessant, wo unter Umständen festgestellt werden kann, wie stark - unter der Voraussetzung, dass in Lösung weiterhin das Komplexdimer vorliegt – die beiden Eisenzentren elektrochemisch gekoppelt sind. Es wurde lediglich ein quasireversibler Oxidationsprozess beobachtet. Die Spitzenpotentialdifferenz ist sehr groß ($\Delta E_p = 270$ mV bei einem Vorschub von 100 mV/s) und steigt mit zunehmender Vorschubgeschwindigkeit ($\Delta E_p = 360$ mV bei 1000 mV/s), was ein typisches Kriterium für quasireversible Vorgänge ist.[190] Ob es sich bei der breiten Welle um eine Überlagerung zweier Signale für die beiden Eisenzentren des Dimers handelt, kann nicht abschließend geklärt werden. Das mittlere Halbstufenpotential liegt bei 663 mV, der Komplex weist also ein ähnliches Oxidationspotential auf wie Komplex **1**$^{4+}$.

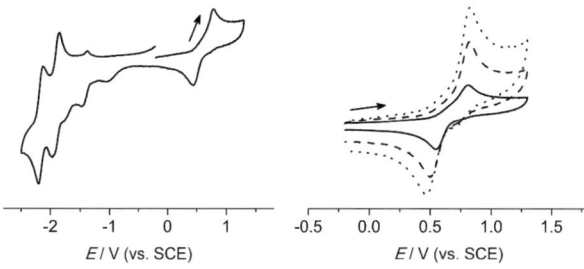

-2 -1 0 1   -0.5 0.0 0.5 1.0 1.5
E / V (vs. SCE) E / V (vs. SCE)

Abbildung 9.4.: Cyclovoltammetrie von **6** über den gesamten Reduktions- und Oxidationsbereich (links, Vorschubgeschwindigkeit 100 mV/s) und ausgewählte Oxidationswelle (rechts) bei verschiedenen Vorschubgeschwindigkeiten (100, 500 und 1000 mV/s). Gemessen in MeCN/0.1 M NBu$_4$PF$_6$.

9.2.2. Ein Kupfer(II)-Komplex mit L^3 (7)

Das Gegenstück zum oben vorgestellten Eisen-Corner-Komplex wäre der Kupfer-Corner-Komplex des Typs [Cu^I(HL^3)$_2$] oder das entsprechende Dimer. Bei der Reaktion des Liganden HL^3 mit [Cu(MeCN)$_4$](OTf) (beide farblos) bildete sich eine hellbraune Lösung. Während der langsamen Diffusion von Et$_2$O in diese Lösung wuchsen bräunliche Kristalle, die sich nach kurzer Zeit grün verfärbten. Die kristallographisch bestimmte Molekülstruktur der grünen Kristalle zeigt einen Cu$_4^{II}$-[2 × 2]-Gitterkomplex der Formel [Cu$_4^{II}$L$_4^3$](OTf$_4$)$_4$ (7) mit nahezu perfekter rechtwinkliger Anordnung der Liganden, sehr verwandt dem Cu$_4^{II}$-Gitterkomplex mit dem Liganden HL^1.[161]

Die Koordinationsumgebung wird nicht, wie für den erwarteten Cu^I-Komplex vorgesehen, aus zwei orthogonalen bidentaten-Taschen aufgebaut, sondern aus einer bpy und einer terpy-Tasche. Die resultierende quadratisch-pyramidale Umgebung wird von Cu^{II} favorisiert, welches sich hier bevorzugt zu bilden scheint. Ob die Oxidation durch eingetragenen Luftsauerstoff verursacht wurde oder ob das Cu^{II} durch Disproportionierung gebildet wurde, ist bislang nicht geklärt. Die Ausbeute wurde aufgrund nichtkristalliner Nebenprodukte nicht verlässlich bestimmt.

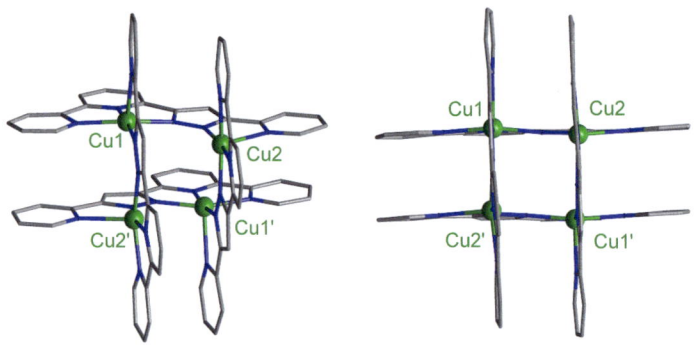

Abbildung 9.5.: Molekülstruktur von **7** aus zwei Perspektiven ohne Lösungsmittel und Gegenionen.

Magnetische Eigenschaften

Die magnetischen Eigenschaften von **7** wurden zwischen 2 und 300 K untersucht (Abbildung 9.6). Der Kurvenverlauf der Temperaturabhängigkeit von $\chi_M T$ ist typisch für antiferromagnetische Kopplung. Bei 300 K passt der gemessene Wert von 1.54 cm^{3}Kmol^{-1} gut zum Erwartungswert für vier ungekoppelte Cu^{II}-Zentren ($S = 1/2$) unter Annahme eines g-Wertes von 2.08. Bei Abkühlung sinkt $\chi_M T$ zunächst leicht, unterhalb von 100 K jedoch steiler ab und endet bei 0 cm^{3}Kmol^{-1} bei 2 K. Über die Anpassung der experimentellen Daten[168] wurde eine Kopplung von $J = -19.5$ cm^{-1}ermittelt. Im Vergleich mit dem analogen Cu$_4$-Komplex mit L^1 [161] ist die Kopplung hier geringfügig stärker.

Elektrochemie

Die Redox-Eigenschaften von **7** wurde cyclovoltammetrisch in MeCN untersucht. Besonders der Reduktionsbereich soll Aufschluss darüber geben, ob Cu^I in dieser Umgebung stabilisiert werden kann. Rechts in Abbildung 9.6 sind die Cyclovoltammogramme bei drei unterschiedlichen Vorschubgeschwindigkeiten (100, 500, 1000 mV) im Bereich zwischen 0 und −1.0 V gezeigt. Es wird eine breite Welle mit Schulter beobachtet, die Mitte des Signals bleibt in etwa konstant bei

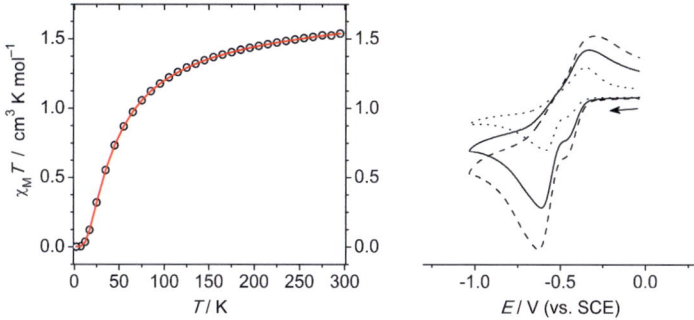

Abbildung 9.6.: Links: Temperaturabhängigkeit von $\chi_M T$ für Komplex **7**. Anpassungskurve in rot. Rechts: Cyclovoltammogramm von **7** bei verschiedenen Vorschubgeschwindigkeiten (gepunktet: 100 mV, durchgezogen: 500 mV, gestrichelt: 1000 mV).

–470 mV. Die Separation der Spitzenpotentiale steigt mit der Vorschubgeschwindigkeit von ΔE_p = 239 mV bei 100 mV/s auf ΔE_p = 332 mV bei 1000 mV/s. Zum Vergleich: $Cp_2^*Fe/Cp_2^*Fe^+$ weist eine Separation von ΔE_p = 99 mV auf. Welche Prozesse ablaufen und wieviele Elektronen übertragen werden, ist nicht geklärt.

9.3. Heterometallische Eisen-Kupferkomplexe mit L³

Zahlreiche Versuche, den Zielkomplex $[Fe_2Cu_2L_4^3]^{2+}$ über eine Eintopfreaktion – der gleichzeitigen Zugabe von Eisen(II)- und Kupfer(I)-Salzen zu einer Lösung des deprotonierten Liganden in verschiedenen Lösungsmitteln – darzustellen, gelangen nicht. In den meisten Fällen konnte kein einheitliches Produkt gefunden werden, in mehreren Fällen wurde jedoch ein $[FeCu_3L_4^3]^{3+}$-Komplex (**8**) kristallisiert (Abbildung 9.7). Obwohl dieser nicht in hinreichenden Mengen kristallisiert werden konnte, um weitere Untersuchungen damit durchzuführen, soll die Molekülstruktur kurz diskutiert werden. Das Gitter ist ähnlich wie im Komplex **7** nahezu perfekt (orthogonale angeordnete, planare Liganden) aufgebaut. An drei der vier Ecken befinden sich Cu-Ionen, an einer Fe. Das interessante an diesem Komplex ist die Kombination der Taschen in eine oktaedrische $\{(N_3)_2\}$, eine tetraedrische $\{(N_2)_2\}$ und zwei quadratisch-pyramidale $\{(N_3)(N_2)\}$. Entsprechend der favorisierten Koordinationsumgebung liegen sich einerseits LS-Fe^{II} und Cu^I, andererseits zwei Cu^{II} gegenüber.

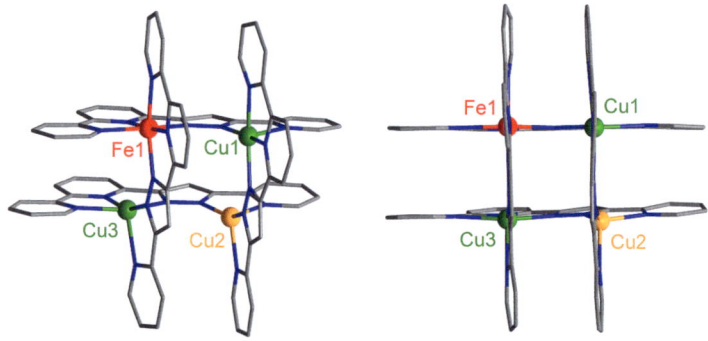

Abbildung 9.7.: Molekülstruktur von **8** aus zwei Perspektiven ohne Lösungsmittelmoleküle und Gegenionen.

Alternativ wurde der dimerisierte Eisen-Corner-Komplex ($[Fe_2(HL^3)_4]^{4+}$, **6** als Zwischenstufe isoliert und anschließend zunächst mit Base, dann mit Cu^I-Salzen umgesetzt oder umgekehrt. Auch dieser Weg führte nicht zum gewünschten Fe_2Cu_2-Komplex. In den meisten dieser Versuche wurden Acetonitril-Addukte der Cu^I-Salze verwendet. Möglicherweise ist dessen Donorfähigkeit ein Teil des Problems, da eventuell nicht alle Positionen am Kupfer durch Liganden-Stickstoff substituiert wurden.

Letztlich etablierte sich ein Kompromiss dieser beiden Methoden. Zunächst wird der deprotonierte Fe^{II}-Corner-Komplex als Triflat-Salz in Methanol hergestellt. Bei 0° C wird 1,5-Cyclooctadien-Kupfer(I)-chlorid hinzugefügt. Nach zweistündigem Rühren bei derselben Temperatur fällt der Komplex $[Fe_2Cu_2L_4^3](OTf)_2$ **(9)** nach Zugabe von Et_2O feinkristallin aus und kann isoliert werden. Der Komplex kann aus einer Lösung in Methanol oder MeOH/DCM durch langsame Diffusion umkristallisiert werden, wobei die Kristallqualität meist nicht hinreichend für die Röntgenstrukturanalyse war. Letztendlich wurden geeignete Kristalle durch Diffusion von *tert*-Butyl-methylether in eine Lösung des Komplexes in reinem Dichlormethan erhalten, die die Struktur des Zielkomplexes hervorbrachten (Abbildung 9.8).

Strukturelle Eigenschaften von 9

Der Komplex **9** kristallisiert in der Raumgruppe $P2_1$ und enthält pro asymmetrischer Einheit zwei Moleküle des dikationischen Gitterkomplexes [Fe$_2$Cu$_2$L$_4^3$]$^{2+}$. Neben den zugehörigen nicht-koordinierenden Triflat-Gegenionen befinden sich mehrere Dichlormethan-Moleküle in der Zelle. Die zwei kristallisierten nicht äquivalenten Komplexmoleküle scheinen auf den ersten Blick gleich: Vier Liganden und vier Metallionen (zwei Fe, zwei Cu) bauen die angestrebte [2 × 2]-Gitterstruktur auf. Eisen wird durch zwei senkrecht zueinander angeordnete dreizähnige Taschen sechsfach (verzerrt oktaedrisch), Kupfer durch zwei senkrecht angeordnete zweizähnige Taschen vierfach (verzerrt tetraedrisch) koordiniert. Die Liganden weichen deutlich von der Planarität ab und sind nicht koplanar zueinander. Vergleicht man die vier Eisen(II)-Ionen in den zwei Molekülen miteinander, fällt auf, dass eines davon für HS-Fe^{II} typische Fe–N-Bindungslängen (mittl. $d_{Fe1-N} = 2.18$ Å) und N–Fe–N-Winkel aufweist (mittl. Abweichung vom idealen Oktaeder für Fe1: 16 %). Die Umgebung der verbleibenden drei Eisen(II)-Ionen (Fe2, Fe3, Fe4) deutet auf LS-Fe^{II} hin (mittl. $d_{Fe-N} = 1.95 \pm 0.01$ Å, mittl. Abweichung vom idealen Oktaeder: 9 %).

Alle vier kristallographisch unterschiedlichen Kupfer(I)-Ionen befinden sich in relativ ähnlicher, stark verzerrter tetraedrischer Koordinationsumgebung. Cu1 und Cu2 (in Nachbarschaft von Fe1) weisen etwas kürzere mittlere Cu–N-Bindungslängen auf als Cu2 und Cu3 (siehe Tabelle 9.1), möglicherweise bewirkt die direkte Nachbarschaft zum flexibleren HS-Fe^{II} (größere Variabilität der Abstände und Winkel) einen etwas größeren strukturellen Spielraum des Gesamtgerüstes und damit die Möglichkeit zur Ausbildung etwas kürzerer Cu–N-Bindungen.

Die N–Cu–N-Winkel lassen sich in zwei Gruppen unterteilen: einerseits die Winkel innerhalb eines Liganden (Bisswinkel) und andererseits die Verbindungswinkel zum gegenüberliegenden Liganden (hier Gitterwinkel genannt). Die Bisswinkel liegen um 83°, während die Gitterwinkel um 123° liegen. Ein weiteres Maß für die Verzerrung des Tetraeders ist der Diederwinkel zwischen den Ebenen, die jeweils von einem Kupfer und dem Donorsatz eines Liganden aufgespannt werden. Der im idealen Tetraeder bei 90° liegende Winkel beträgt etwa 82° für Cu1 und Cu2. Für Cu3 und Cu4 ist die Tetraeder-Verzerrung mit Diederwinkeln von etwa 76° noch größer. Die Ursache dafür liegt offenbar nicht unbedingt in der gespannten Gitterstruktur, eine ähnliche Verzerrung (81° Diederwinkel) wurde bereits für Bis(2,2'-bipyridyl)-Cu^I-Komplexe gefunden.[191]

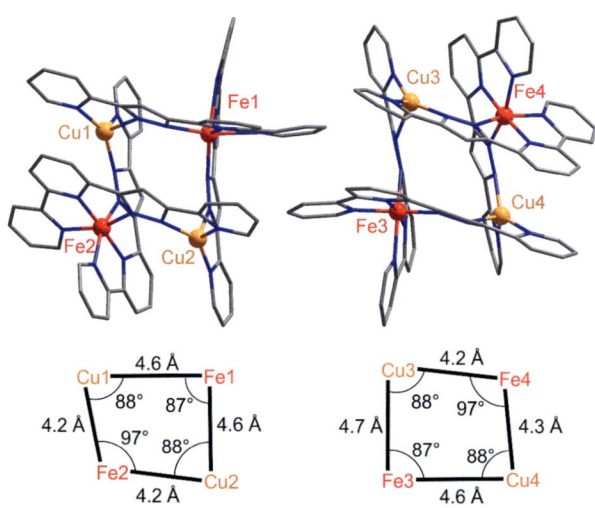

Abbildung 9.8.: Oben: Molekülstruktur der in der Zelle vorhandenen Komplexkationen von **9** ohne Lösungsmittel und Gegenionen. Unten: Geometrie der entsprechenden tetrametallischen Vierecke.

Mößbauer-Spektroskopie und Magnetische Eigenschaften

Die Verteilung der Eisenspezies im Komplex **9** (LS-Fe^{II}/HS-Fe^{II} 3:1 auf zwei Moleküle verteilt) sollte sich am besten über Mößbauer-Spektroskopie belegen lassen. Dieses Verhältnis wurde jedoch nur in einer von vielen Messungen beobachtet. Der HS-Anteil hängt offenbar stark vom bei der Kristallisation verwendeten Lösungsmittel und vom Lösungsmittelverlust ab. In den ersten Messungen (Kristallisation aus MeOH/DCM) wurden zwar immer die gleichen zwei Dubletts beobachtet (Tabelle 9.2), der HS-Anteil war aber meistens zu gering (7–10 %). Möglicherweise besteht auch hier ein Zusammenhang mit der Qualität der Kristalle, die wie oben beschrieben für die kristallographische Untersuchung zu gering

Tabelle 9.1.: Gemittelte Metall-Donor-Bindungslängen $d_{\text{M-D}}$ und deren Symmetriemaße S für Komplex **9**.

M–D	$d_{\text{Fe-N}}/\text{Å}$	$S(\text{O}_h)$	M–D	$d_{\text{Cu-N}}/\text{Å}$	$S(\text{T}_d)$
Fe1–N	2.183	5.89	Cu1–N	2.000	6.03
Fe2–N	1.941	2.31	Cu2–N	1.992	5.82
Fe3–N	1.964	2.27	Cu3–N	2.044	6.36
Fe4–N	1.964	2.08	Cu4–N	2.044	5.84

war. Kristalle desselben Ansatzes, der für die Kristallographie genutzt wurde, zeigten im Mößbauer-Spektrum bei 80 K zwei typische Dubletts für LS- und HS-Fe^{II} im erwarteten Flächenverhältnis von 75:25 % (Abbildung 9.9 links). Dieses Verhältnis bleibt über den Temperaturbereich von 7 bis 295 K konstant (vier Messungen: 7, 80, 200, 295 K, die Parameter sind in Tabelle 9.2 zusammengefasst).

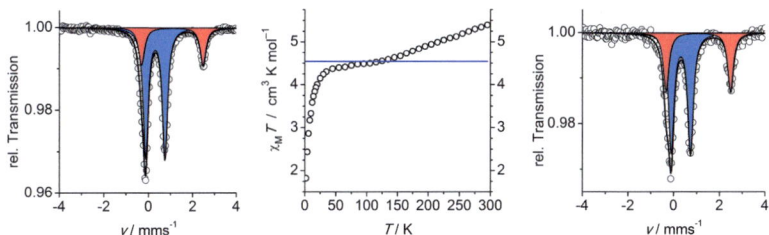

Abbildung 9.9.: Kombinierte Mößbauer-SQUID-Messung: Links: Mößbauer-Spektrum von **9** bei 80 K vor der SQUID-Messung (Mitte). Rechts: Anschließende Mößbauer-Messung bei 80 K.

Direkt nach der Mößbauer-Messung (80 K) wurden dasselbe Material im SQUID-Magnetometer vermessen und anschließend wieder im Mößbauer-Spektrometer. Der HS-Anteil war nun höher (66:34 %), und auch die SQUID-Daten sprechen für mehr als ein (von vier vorhandenen) HS-Fe^{II}. Unter Annahme eines g-Wertes von 2.1 läge der Erwartungswert für ein HS-Fe^{II} bei $\chi_M T = 3.3 \text{ cm}^3\text{Kmol}^{-1}$. Unter Berücksichtigung eines zusätzlichen HS-Fe^{II}-Anteils von 40 % lässt sich der $\chi_M T$-Messwert bei 80 K von 4.4 $\text{cm}^3\text{Kmol}^{-1}$ errechnen. Dies passt in etwa zu den Ergebnissen der Mößbauer-Spektroskopie, bei denen ein HS-Anstieg von ca. 33 %

Tabelle 9.2.: Gesammelte Mößbauer-Parameter für Komplex **9**; „sub" bezeichnet die lfd. Nr. der Unterspektren mit dem prozentualen Flächenanteil A in Klammern.

T / K	sub (A/%)	δ/(mm/s)	ΔE_Q/(mm/s)	Γ_{FWHM}/(mm/s)
7	1 (75)	0.32	0.87	0.27
	2 (25)	1.10	2.77	0.30
80	1 (75)	0.31	0.87	0.27
	2 (26)	1.09	2.78	0.32
80[a)]	1 (66)	0.32	0.84	0.28
	2 (34)	1.09	2.81	0.29
200[b)]	1 (74)	0.28	0.87	0.28
	2 (26)	1.03	2.71	0.30
295[b)]	1 (74)	0.23	0.85	0.35
	2 (26)	0.98	2.31	0.30

Anmerkung a) Kontrollmessung nach Magnetometrie; b) bei Atmosphärendruck (N_2) durchgeführt, um Lösungsmittelverluste zu vermeiden.

(von 26 % auf 34 %) beobachtet wird. Vermutlich hat das aus den Kristallen verdampfende Dichlormethan einen entscheidenden Einfluss auf den Spinzustand. Versuche, dieselben Kristalle nachträglich nochmals umzukristallisieren waren nicht erfolgreich.

Elektrochemie

Der Komplex wurde hinsichtlich seiner Redoxstabilität in Lösung durch Cyclovoltammetrie untersucht. Dabei ist von besonderem Interesse, an welchem Metallion die Oxidation zuerst stattfindet, wie stark die elektrochemische Kopplung der Zentren untereinander ist, welches Verhalten die gemischvalenten Spezies zeigen und wie stabil diese sind. Die Untersuchung wurde in Acetonitril im Potentialbereich zwischen –2 und 1.5 V (bzgl. Messelektrode) unter Verwendung des Redoxpaares $Cp_2^*Fe/Cp_2^*Fe^+$ als interner Standard durchgeführt. Die Potentiale wurden auf SCE als Referenz umgerechnet.[192]

Für den Oxidationsbereich werden drei Wellen unterschiedlicher Ausprägung beobachtet (Abbildung 9.10). Die erste ist deutlich intensiver als die zweite und dritte. Bei Erhöhung der Vorschubgeschwindigkeit von 100 mV/s auf 1000 mV/s wird anhand der unregelmäßigen Form der dritten Welle deutlich, dass es sich

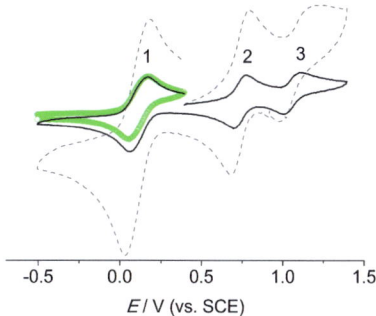 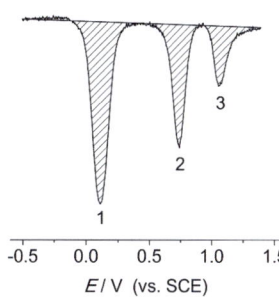

Abbildung 9.10.: Links: Cyclovoltammetrie bei verschiedenen Vorschubgeschwindigkeiten (grau gestrichelt 1000 mV/s, schwarz durchgezogen 100 mV/s), und über unterschiedliche Potentialbereiche (Separate Messung der ersten Welle in grün); rechts: Square-wave-Voltammetrie, die Fläche des ersten und des zweiten Peaks stehen im Verhältnis 2:1. Messung in in MeCN/0.1 M NBu$_4$PF$_6$.

hier nicht mehr um einen vollständig reversiblen Prozeß handelt. Es liegt die Vermutung nahe, dass die erste relativ breite ($\Delta E = 109$ mV, vgl. Tabelle 9.3) Welle (1) zwei der vier Metallzentren betrifft, deren reversible Oxidation bei sehr ähnlichem Potential erfolgt. Die Prozesse (2) und (3) sind klar voneinander getrennt und werden jewweils der Oxidation eines einzelnen Metallions zugeordnet. Die aus der SWV-Messung erhaltenen Peakflächen (Tabelle 9.3 rechts) bestätigen die Schlussfolgerung, dass bei (1) insgesamt zwei Elektronen übertragen werden, bei (2) hingegen nur eins. Für (3) wird aufgrund der eingeschränkten Reversibilität keine endgültige Aussage getroffen. Gestützt auf die Erfahrungen, die aus den Eisen-Gitterkomplexen (Kapitel 4, Kapitel 6) in dieser Arbeit gewonnen wurden, sollten die Oxidationen (2) und (3) den Fe^{II}/Fe^{III}-Paaren zugeordnet werden und die Doppeloxidation (1) den beiden Cu^I/Cu^{II}-Paaren. Letztere sind offenbar elektrochemisch nicht gekoppelt. Das Redox-Verhalten von Cu^{II} hängt stark von der der Koordinationssphäre und deren Verzerrung ab,[193,194] was beispielsweise eine wichtige Rolle bei biologischen Elektronen-Transfer-Prozessen spielt.[195] Auch für Cu^I-Komplexe mit bidentaten {N$_2$}-Liganden wird eine große Bandbreite an Redoxpotentialen gefunden,[196,197] so dass auch das hier ermittelte Halbstufenpotential für **2** in Frage käme. Weitere Einblicke in das System sollen durch spektroelektrochemische Untersuchungen erhalten werden.

Tabelle 9.3.: Zusammengefasste elektrochemische Parameter (vs. SCE) aus der cyclo-voltammetrischen Messung für die Oxidationsprozesse **1–3**. $\Delta E_{1/2}$ gibt den Potentiab-stand zum jeweils vorangegangenen Prozess wieder. A bezeichnet die Peakfläche aus der SWV-Messung.

	$E_{1/2}$ / mV	ΔE_p / mV	$\Delta E_{1/2}$ / mV	A / μC	oxidierte Spezies (K_c)
1	115	109		160	$[Fe_2^{II}Cu_2^{II}L_4^3]^{4+}$ (3.35·10^{10})
2	736	74	621	80	$[Fe^{II}Fe^{III}Cu_2^{II}L_4^3]^{5+}$ (2.76·10^5)
3	1057	97	321	40	$[Fe_2^{III}Cu_2^{II}L_4^3]^{6+}$

Spektroelektrochemie

Die spektroelektrochemische Untersuchung, also die zeitliche spektroskopische (UV/vis) Verfolgung der CPC (*constant potential coulometry*), wurde in Acetonitril durchgeführt. Das Potential wurde zunächst auf 600 mV gesetzt. Dieser gerätes-pezifische Wert ist dem vorher aufgenommenen Cyclovoltammogramm zufolge vergleichbar mit 400 mV vs. SCE, erreicht also die Mitte des Bereiches zwischen Welle (1) und (2) (Abbildung 9.10). Die UV/vis-Spektren wurden minütlich auf-genommen, in Abbildung 9.11 entspricht die rote Kurve dem Beginn, die blau Kurve dem Ende der Messung nach etwa 30 min, die zwischenzeitlichen Kur-ven entsprechen dreiminütigen Abständen. Die intensive Bande bei etwa 400 nm wird deutlich schwächer, ferner verschiebt sich im sichtbaren Bereich eine Bande von 610 auf 570 nm. Dabei ist ein augenscheinlicher Farbwechsel der Lösung von grün nach rot zu beobachten. Ein isosbestischer Punkt kann hier nicht bestimmt werden.

Die Reversibilität wurde durch eine anschließende Messung bei einem Potential von 0 mV überprüft. Die ursprünglichen Banden bauen sich nicht wieder voll-ständig auf, erst bei einer Messung bei −800 mV kehren die Banden weitgehend in den Ausgangszustand zurück. Die Messung gibt Hinweise auf den Ablauf der Oxidation, beispielsweise wird die für Fe^{III} charakteristische Blaufärbung, wie sie im Komplex **1**[5+], **1**[6+] oder **5** beobachtet wurde, hier nicht sichtbar. Die Annah-me, dass die Oxidation zuerst am Cu^I stattfindet, wird so gestützt. Eine genaue

Zuordnung der Übergänge fällt schwer, da zu viele nicht-charakteristische CT-Banden vorliegen.

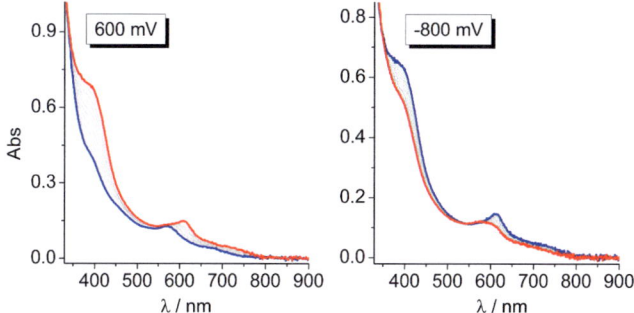

Abbildung 9.11.: Spektroelektrochemische Untersuchung von Komplex **9**. Links: CPC bei 600 mV, Rechts bei –800 mV (Geräteeigene Potentiale, 600 mV entspricht dem Potential nach Welle (1) bei etwa 400 mV vs. SCE). Anfangskurve rot, Endkurve (nach etwa 30 min) blau.

9.4. Komplexe mit L^4

9.4.1. Vorläuferkomplex mit Eisen (10)

Eine Dimerisierung des Eisen-Corner-Komplex wie bei dem Liganden HL^3 ist hier nicht zu erwarten, da durch das zusätzliche Proton des Pyrrol-Seitenarms keine Wasserstoffbrücken mehr zwischen den Liganden ausgebildet werden können. Bei basenfreier Umsetzung des Liganden mit Fe(BF$_4$)$_2$ · 6 H$_2$O bildet sich eine tiefrote Lösung. Kristallines Material wurde durch Überschichten der MeCN-Lösung mit Et$_2$O gewonnen. Der einkernige Komplex liegt zusammen mit zwei Triflat-Gegenionen sowie Et$_2$O und MeCN in der Zelle vor. Das Eisenzentrum ist leicht verzerrt oktaedrisch durch zwei annähernd senkrecht angeordnete Liganden koordiniert. Der mittlere Fe–N-Bindungsabstand beträgt 1.96 Å, wobei zu bemerken ist, dass die Fe–N-Abstände zum mittleren N^{py} (im Mittel 1.91 Å) gegenüber denen zu den äußeren N-Donoratomen der terpy-Tasche N^{py} und N^{pz}

signifikant verkürzt sind (im Mittel 1.98 Å). Die NH-Gruppen der Pyrazol- und Pyrrol-Untereinheiten stehen *trans* zueinander.

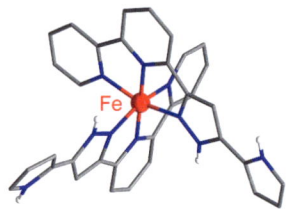

Abbildung 9.12.: Molekülstruktur des Fe^{II}-Corner-Komplexes **10** mit H_2L^4 ohne Gegenionen und Lösungsmittelmoleküle.

9.4.2. Ein $(Cu_2)_2Fe_2$-Komplex (11)

Anstelle des geplanten Cu_2Fe_2-Komplexes bildete sich trotz korrekt eingesetzter Stöchiometrie ($Fe/Cu/L^4$ 1:1:2) ein sechskerniger Cu_4Fe_2-Komplex. Schon während der Reaktion in Acetonitril bildete sich viel schwarzer Niederschlag, die überstehende Lösung wurde dabei nahezu entfärbt. Versuche, das Pulver mit MeOH und MeCN zu extrahieren, führten zu sehr dünnen hellroten Lösungen. Eine derart geringe Löslichkeit ist ungewöhnlich für alle bislang in dieser Arbeit behandelten Komplexe. Die Extraktion mit DMF führte zu einer grünen Lösung, aus der der Komplex **11** durch Überschichten mit Et_2O kristallisiert wurde. Die Molekülstruktur ist in Abbildung 9.13 gezeigt.

Der neutrale Komplex hat die für Gitter typische orthogonale Anordnung von vier vollständig deprotonierten Liganden. Auf zwei gegenüberliegenden Positionen befinden sich oktaedrisch koordinierte Eisenionen. Auf den verbleibenden zwei Positionen wird eine $\{N_4\}$-Tasche jeweils mit einer Cu_2^I-Hantel besetzt. Anders als im Eisen-Silber-Komplex **5** sind die sechs Metallatome nicht exakt in einer Ebene angeordnet, sondern weichen bis zu 0.4 Å von der mittleren Planarität ab. Die Eisenionen sind sehr ähnlich koordiniert und befinden sich in leicht verzerrt oktaedrischer Koordinationsumgebung. Die mittleren Fe–N-Abstände von

1.95 Å weisen unter Berücksichtigung der fehlenden Ladung des Komplexmoleküls auf LS-Fe^{II} hin. Die einzelnen Cu^I-Ionen werden annähernd linear von Pyrrol- bzw. Pyrazol-N koordiniert (N–Cu–N-Winkel zwischen 172 und 176°). Zusätzlich wird eine Cu-Cu-Wechselwirkung (Cu–Cu-Abstand 2.6 Å) beobachtet. Die Cu^I-Zentren in der somit T-förmigen Koordinationsumgebung erfahren eine weitere Stabilisierung durch Wechselwirkung mit dem π-System eines gegenüberliegenden Liganden (Abstand 3.2–3.3 Å). Um dieses Bindungsmotiv zu bilden, verdrehen sich die Pyrrol-Ringe gegen den ansonsten koplanaren Rest des Liganden um 37–53°. Der Cu–Fe-Abstand ist mit 3.8 Å vergleichsweise kurz für Pyrazol-verbrückte Systeme.[198]

Die Koordination von Cu^I-Hanteln anstelle von einzelnen Cu^I kann durch Koordinationsvektoren[199,200] (*coordinate vectors*) erklärt werden, also der Anordnungder ungefähren Richtung der Koordination entsprechend der Geometrie der freien Elektronenpaare an den Donoratomen, die die Richtung der Koordination vorgeben. In diesem Fall scheint die Tasche „zu weit geöffnet", die Koordinationsvektoren von Pyrrol und Pyrazol passen möglicherweise nicht zur Komplexierung eines einzelnen Metallions.

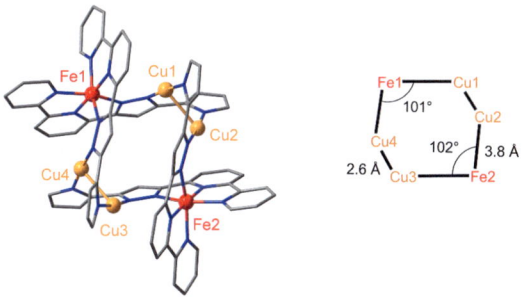

Abbildung 9.13.: Molekülstruktur von **11** ohne Lösungsmittel (DMF, Et_2O).

Die Reproduzierbarkeit des Komplexes **11** stellte sich als schwierig heraus. In entsprechenden Experimenten unter Einsatz unterschiedlicher Stöchiometrien wurde der Komplex nur noch im Massenspektrum neben dem Fe-Corner-Komplex und einem Fe_2Cu_2-Komplex nachgewiesen.

Mehrkernige Cu^I-Komplexe mit Cu–Cu-Bindung sind im Zusammenhang mit Lumineszenz bekannt geworden.[201] Auch dieser Komplex bietet Potential zu weitergehenden Untersuchungen.

9.5. Fazit

Die hier vorgestellten heterometallischen Komplexe mit Kupfer und Eisen bieten interessante Ansätze, bedürfen aber noch weiterer Untersuchungen. Die Steuerung der gewünschten Stöchiometrie und Geometrie stellte sich in einigen Fällen als schwierig heraus und konnte nur für Komplex **9** verlässlich reproduziert werden. Dieser zeigt vielversprechende Redoxeigenschaften, die jedoch noch weiter untersucht werden müssen. Zudem ist der Spinzustand der Eisenionen äußerst labil, dadurch ist **9** ein Kandidat für weitere magnetische Untersuchungen (LIESST).

Der Komplex **11** (mit Cu–Cu-Bindung) steht in Analogie zum Komplex **5** (mit Ag–Ag-Bindung) bezüglich der d^{10}-d^{10}-Wechselwirkungen.

10. Abschließende Bemerkungen

Die vorliegende Arbeit und das darin diskutierte Dutzend Metallkomplexe repräsentiert die faszinierende Chemie von Gitterkomplexen recht gut. Im Überblick konnte eine Reihe von wünschenswerten Eigenschaften nachgewiesen werden. So zeigte der Komplex **1** Multistabilität im doppelten Sinne: Der Spinzustand lässt sich durch Temperaturänderung von [4HS] auf [3HS-1LS] und noch etwas weiter (teilweise [2HS-2LS]) schalten, gleichzeitig ist dieser Komplex in der Lage, in Lösung stufenweise vierfach oxidiert zu werden und dabei nahezu stabil zu bleiben. Die bezüglich der Anwendung in QCA besonders interessante zweifach oxidierte gemischtvalente Spezies konnte isoliert werden (**1**$^{6+}$). HS-Fe^{II} und LS-Fe^{III} liegen hier lokalisiert vor und koppeln – im Gegensatz zu **1**$^{4+}$ – ferromagnetisch. Auch die Zwischenform, der einfach oxidierte Komplex **1**$^{5+}$ konnte isoliert werden und zeigt spannende magnetische Eigenschafen.

Eine minimale Veränderung am Ligandenfeld durch Einführung einer Methylgruppe reicht bereits schon aus, um gezielt die [2HS-2LS]-Konfiguration des Gitters anzusteuern (**3**), deren zweifach entartete Konfiguration der Spinzustandverteilung im Gitter wiederum geeignet scheint, um für Anwendung in QCA (diesmal spinbasiert) in Frage zu kommen.

Doch auch die Untersuchung der unvollständigen Gitterkomplexe, welche die teilweise dimerisierten Corner-Komplexe (**4**, **6**) ebenso beinhalten wie den dreieckigen Komplex **2**, erlauben Einblicke in den Aufbau von Gitterkomplexen und den damit verbundenen „strukturellen Stress". Fe^{II} in Corner-Komplexen liegt stets im LS-Zustand vor. Versteht man einen dimerisierten Corner-Komplex als Gitter mit zwei „Löchern", kann man die Koordination eines dritten Fe^{II} als Substitution der flexiblen Wasserstoffbrücken verstehen. Das eingebaute HS-Fe^{II} übt einen merklichen Effekt auf die benachbarten LS-Fe^{II} aus, was sich in der oktaedrischen Verzerrung niederschlägt. Zudem zeigt eines dieser benachbarten Fe^{II} einen SCO mit Hysterese. Die daran beteiligten Wechselwirkungen müssen noch weiter untersucht werden.

Ein anderer Ansatzpunkt ist die Verwendung von unvollständigen Gitterkomplexen, hier von Corner-Komplexen, als Ausgangsmoleküle für heterometallische Gitterkomplexe. Dieser Route folgend wurde ein ungewöhnliches ausgedehntes heterometallisches Gitter mit zwei Fe^{III}-Ionen und zwei $(Ag^I)_2$-Hanteln auf den vier Gitterpositionen präsentiert (**5**). Im Bereich der Komplexe mit unsymmetrischen Liganden stellte sich die gezielte Besetzung der Koordinationstaschen mit Fe^{II} und Cu^I zunächst als schwierig heraus, da die Kombination einer bidentaten und einer tridentaten Tasche zu extrem stabilen Cu^{II}-Komplexen führt (**7**, **8**). Letzlich konnte ein Fe_2Cu_2-Komplex der erwarteten Geometrie hergestellt werden, der aufgrund seiner interessanten Redoxeigenschaften und der Labilität des Spinzustandes der Eisenionen vielversprechend scheint.

Teil IV.

Experimentalteil und Anhang

11. Materialien und Methoden

11.1. Allgemeine Arbeitstechniken

Sauerstoff- oder wasserempfindliche Arbeiten wurden in der Glovebox oder in Schlenk-Apparaturen unter Argonatmosphäre durchgeführt. Das Argon wurde zur Trocknung über eine Phosphor(V)-Oxid-Säule (Sicapent®) geleitet und über beheiztem Kupfer-Katalysator von Sauerstoffspuren befreit. Verwendete Glasgeräte wurden vor der Benutzung mehrere Stunden bei 120 °C ausgeheizt.

MeCN, MeOH, EtOH, THF, Et_2O und DMF wurden unter Sauerstoffausschluss nach Literaturmethoden[202] getrocknet und anschließend entweder durch 20-minütiges Durchströmen mit Argon oder durch wiederholtes Einfrieren, Evakuieren und Auftauen entgast. Die Lösungsmittel wurden unter Gasausschluss über ausgeheiztem und entgastem Molsieb (3 Å) aufbewahrt. DCM und Toluol wurden nach Trocknung über Molsieb unter Verwendung einer *MBraun-SPS* verwendet.

Die Kristallisation von Komplexen wurde in den meisten Fällen auf eine der beiden folgend vorgestellten Methoden erreicht. 1) Vorsichtiges Überschichten einer Komplexlösung mit Et_2O. In einem Reagenzglas wird die Komplexlösung (etwa 25 mg Komplex in 5 mL Lösungsmittel) durch langsam an der Glaswand herunterfließenden Et_2O (per Kanüle überschichtet). 2) Langsame Diffusion von Diethylether in eine Lösung des Komplexes. Als besonders erfolgreich erwies sich der Ansatz mit mehreren Reagenzgläser (wie oben mit Komplexlösung gefüllt) in einer 1 L-Flasche, die mit etwa 200 mL Et_2O befüllt wurde. Alternativ und besonders für größere Mengen bietet sich die *b2b*-Methode (*bulb-to-bulb*) an, bei der Et_2O aus einem Kolben über ein rechtwinkliges Übergangsstück in den Kolben mit der Komplexlösung diffundiert.

In manchen Fällen war es notwendig, die Kristalle vor der Isolation vollständig von der Mutterlauge zu befreien, da sie sich andernfalls sofort im Restlösungs-

mittel lösen. Dazu wurde eine 50 mL-Spritze ohne Stempel mit einer Stahlkanü-
le versehen. Diese wurde bis auf den Boden eines Reagenzglases geführt und
anschließend etwa 100 mL Et_2O ohne zusätzlichen Druck hindurchgespült. Ein
weiterer Vorteil dieser Methode ist, dass nicht-kristallines, flockiges Material aufgrund geringerer Dichte mit herausgespült wird und nur das kristalline Material
zurückbleibt.

Chromatographie

Dünnschichtchromatographie wurde entweder auf Aluminiumoxid (*Macherey-
Nagel* Polygram Alox N/UV254) oder Kieselgel (*Macherey-Nagel* Polygram SIL
G/UV254) durchgeführt. Säulenchromatographie wurde entweder auf Kiesel-
gel (Korngrößen 0.063–0.2 mm), basischem oder neutralem Aluminiumoxid
(*Macherey-Nagel*, Brockmann-Aktivität 1) durchgeführt.

Chemikalien

Alle zur Synthese verwendeten Chemikalien wurden kommerziell bei verschiedenen Anbietern (Sigma-Aldrich/Fluka, ABCR, Acros, Deutero) erworben und
nicht weiter aufgereinigt.

Lösungsmittel wurden zur Synthese in der Reinheit p.a. oder HPLC-grade verwendet. Für die Ligandensynthesen wurde zum Ausschütteln, Extrahieren oder
für die Säulenchromatographie frisch destillierte technische Ware verwendet.

11.2. Analytische Methoden

SQUID-Magnetometrie

Die temperaturabhängigen Suszeptibilitätsmessungen wurden an einem SQUID-
Magnetometer (*Quantum Design* MPMS-XL-5) durchgeführt. Die Feldstärken va-
riieren zwischen 500 und 5000 Oe. Alle Anpassungen wurden mit dem Programm *julX*[168] durchgeführt. Die Simulation der magnetischen Suszeptibi-
lität basiert auf einem Spin-Hamilton-Operator unter Berücksichtigung von
Austauschkopplung, Nullfeldaufspaltung und Zeeman-Aufspaltung. Vor der

Anpassung wurden die experimentellen Daten um Diamagnetismus (*Pascal*-Inkrementsystem) und TIP (*temperature-independent paramagnetism*) korrigiert.

Mößbauer-Spektroskopie

Mößbauer-Spektren wurden an einem *Wissel* Mößbauer-Spektrometer im Transmissionsmodus unter Verwendung einer ^{57}Co-Quelle in Rhodium-Matrix aufgenommen. Der Antrieb der Quelle erfolgte entsprechend einem Dreiecksgeschwindigkeitsprofil mit konstanter Beschleunigung. Die Probe wurde mit einem *Janis* closed-cycle Helium-Kryostaten gekühlt. Die Isomerieverschiebungen sind relativ gegen α-Eisenfolie bei RT angegeben. Die Anpassung der experimentellen Daten wurde mit dem Programm *MFIT*[203] unter Verwendung von *Lorentz*-Dubletts durchgeführt.

Elektrochemie

Cyclovoltammetische Mesungen wurden mit einem Potentiostaten von *PerkinElmer* (Model 263A) durchgeführt. Als Arbeitselektrode diente eine Glassy Carbon-Elektrode, als Gegenelektrode eine Platinelektrode und als Referenzelektrode eine Silberelektrode. Die Proben wurden entweder gegen Cp_2Fe/Cp_2Fe^+ oder $Cp_2^*Fe/Cp_2^*Fe^+$ als internen Standard gemessen und zur besseren Vergleichbarkeit auf das Potential gegen SCE umgerechnet.[192] Eine Übersicht über gängige Referenzpotentiale ist in Abbildung 11.1 gegeben.

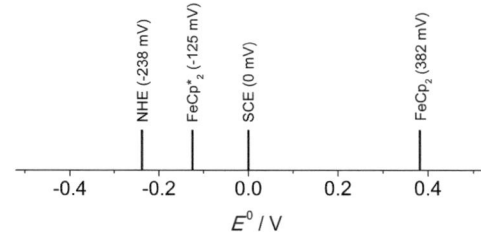

Abbildung 11.1.: Standardpotentiale verschiedener gängiger Referenz-Redoxpaare für die Cyclovoltammetrie in MeCN.

UV/vis-Spektroskopie

UV/vis-Messungen wurden an einem *Varian* CARY 5000 durchgeführt. Im Festkörper wurden die Spektren (diffuse Reflektion) als Verreibung mit KBr unter Verwendung einer *Harrick* Praying Mantis aufgenommen. UV/vis-Spektren in Lösung wurden in Quarzküvetten (Schichtdicke d = 1 cm) gemessen. Sofern nicht anders angegeben, gleichen sich die Wellenlängen der Banden für Lösung und Festkörper.

In einigen Fällen wurde nur der für die metallbasierten Übergänge relevante vis-Bereich vermessen.

Bezeichnungen: sh: Schulter, br: breite Bande

In manchen Fällen wurden die experimentellen Daten unter Verwendung gaußförmiger Kurven mi dem Programm *Fityk*[204] angepasst.

Der ungefähre Farbeindruck (invertierte Farben) im sichtbaren Bereich (etwa 380–780 nm) ist in Abbildung 11.2 abgebildet.

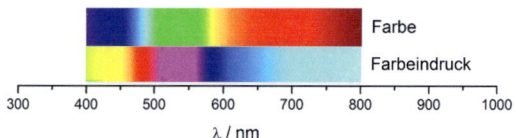

Abbildung 11.2.: Für das menschliche Auge sichtbarer Bereich mit zugehöriger Wellenlänge. Der obere Farbbalken entspricht den Farben der absorbierten Wellenlänge, der untere dient als grobe Abschätzung der augenscheinlichen Farbe der Probe.

Weitere analytische Methoden

^{1}H-NMR und ^{13}C-NMR-Spektren wurden an einem *Bruker* Avance 200 MHz, 300 MHz und 500 MHz aufgenommen. Die chemischen Verschiebungen sind in ppm gegen die verwendeten Lösungsmittel als internen Standard gemessen und relativ gegen TMS (Tetramethylsilan) angegeben. Folgende Abkürzungen werden für die Signalmultiplizitäten verwendet: s = Singulett, d = Dublett, t = Triplett und m = Multiplett. *J* bezeichnet die Kopplungskonstante.

EI-Massenspektren wurden an einem Finnigan MAT 8200 aufgenommen, ESI-Massenspektren an einem *Bruker* HCT Ultra, einem *Bruker* FTICR APEX IV (hochauflösend) oder einem API 2000. Die jeweiligen in den Fragmenten enthaltenen Liganden werden mit L gekennzeichnet.

Elementaranalysen wurden vom Analytischen Labor des Instituts für Anorganische Chemie der Georg-August-Universität Göttingen durchgeführt. Die Bestimmung des Gehalts an Kohlenstoff, Wasserstoff und Stickstoff erfolgte an einem *Elementar* vario EL III.

12. Synthesen

Einige der anschließenden experimentellen Durchführungen sind an literaturbekannte Vorschriften angelehnt. Dies gilt für **II**[165], **III**, **IV**, **V**[161], **VII**, **VIII**, **XI**, **XII**.[205]

12.1. Liganden und Vorstufen

2,2'-Bipyridyl-*N*-Oxid (II)

Zu einer Lösung von 2,2´-Bipyridin (50 g, 320 mmol, 1 eq) in Trifluoressigsäure (247 mL, 3.2 mol, 10 eq) wurde unter Eiskühlung wässrige H_2O_2-Lösung (42 mL, 35 %, 480 mmol, 1.5 eq) zugetropft. Die Reaktionsmischung wurde für 2.5 h bei RT gerührt und anschließend mit Natronlauge (400 mL, 9 N) unter Eiskühlung auf einen leicht basischen pH-Wert gebracht. Die Reaktionsmischung wurde mit Chloroform extrahiert (6 × 300 mL) und die vereinigten organischen Phasen über $MgSO_4$ getrocknet. Nach Entfernen des Lösungsmittels unter vermindertem Druck wurde das Produkt als gelblicher Feststoff erhalten (44.4 g, 258 mmol, 81 %).

Summenformel, Molmasse: $C_{10}H_8N_2O$, 172.18 g/mol.

^{1}H-NMR (300 MHz, $CDCl_3$): δ = 7.22–7.40 (m, 3H), 7.81 (dt, 1H), 8.15 (d, 1H), 8.29 (d, 1H), 8.70 (d, 1H), 8.87 (d, 1H) ppm.

6-Cyano-2,2'-bipyridin (III)

Zu einer eisgekühlten Lösung von 2,2'-Bipyridyl-1-Oxid (**II**) (22.0 g, 130 mmol, 1.0 eq.) in DCM (250 mL) wurde unter Schutzgasatmosphäre Trimethylsilylcyanid (20.7 g, 27.9 mL, 208 mmol, 1.6 eq.) gegeben. Anschließend wurde Benzoylchlorid (36.5 g, 29.9 mL, 260 mL, 2.0 eq.) langsam hinzugetropft und über Nacht gerührt. Unter Eiskühlung wurde vorsichtig wässrige Na_2CO_3-Lösung (10 %, 250 mL) hinzugegeben bis sich ein pH-Wert von ca. 9 eingestellt. Das DCM wurde bei vermindertem Druck entfernt, wobei ein weißer Feststoff ausfiel. Dieser wurde abfiltriert, mit Wasser gewaschen und getrocknet. Der Feststoff wurde erneut in DCM (250 mL) gelöst, zwei Drittel des Lösungsmittels wurde bei vermindertem Druck entfernt und eine erste Ausbeute des Rohprodukts mit Hexan gefällt. Das Filtrat wurde vom Lösungsmittel befreit und über eine Säulenfiltration gereinigt. Hierbei wurden Verunreinigungen zunächst mit Hexan entfernt und anschließend das Produkt mit DCM vom Kieselgel gelöst. Das Lösungsmittel wurde bei vermindertem Druck entfernt und der ausgefallene Niederschlag getrocknet. Das Produkt wurde in Form eines weißen Feststoffes (10.7 g, 59.1 mmol, 45 %) gewonnen.

Summenformel, Molmasse: $C_{11}H_7N_3$, 181.06 g/mol.

^{1}H-NMR (300 MHz, $CDCl_3$): δ = 7.40 (ddd, 1 H), 7.72 (dd, 1 H), 7.88 (td, 1 H), 7.96 (t, 1 H), 8.50 (dt, 1 H), 8.68–8.74 (m, 2 H) ppm.

6-Acetyl-2,2'-bipyridin (IV)

Zu einer Lösung von 6-Cyano-2,2´-bipyridin (III) (2.5 g, 13.7 mmol, 1 eq) in THF (abs., 50 mL) wurde unter Luftausschluss bei –35 °C MeMgBr (3.0 M in Diethylether, 5.5 mL, 16.4 mmol, 1.2 eq) getropft. Die Reaktionsmischung wurde für 1 h bei –35 °C gerührt, auf RT gebracht und anschließend für weitere 2.5 h bei RT gerührt. Es wurde gesättigte NH_4Cl-Lsg hinzugefügt und die Phasen getrennt. Die wässrige Phase wurde mit THF (70 mL) und DCM (70 mL) extrahiert, die organischen Phasen vereinigt und anschließend mit gesättigter NaCl-Lsg (100 mL) und Wasser (100 mL) gewaschen. Nach Trocknung über $MgSO_4$ wurde das Lösungsmittel unter vermindertem Druck entfernt und der entstandene Rückstand mit Hexan (250 mL) extrahiert. Durch erneutes Entfernen des Lösungsmittels unter vermindertem Druck und Trocknung am Vakuum wurde das Produkt als gelber Feststoff erhalten (1.82 g, 9.1 mmol, 67 %).

Summenformel, Molmasse: $C_{12}H_{10}N_2O$, 198.22 g/mol.

^{1}H-NMR (300 MHz, $CDCl_3$): δ = 2.85 (s, 3H), 7.37–7.41 (m, 1H), 7.89 (dt, 1H), 7.97 (d, 1H), 8.07 (dd, 1H), 8.55 (dt, 1H), 8.65 (dd, 1H), 8.69–8.74 (m, 1H) ppm.

6-(2,2'-Bipyridyl)methylcarboxylat (V)

Zu einer Lösung von 6-Cyano-2,2´-bipyridin (2 g, 11 mmol, 1 eq) in MeOH (abs., 50 mL) wurde unter Schutzgas NaOMe (1 g, 19 mmol, 1.7 eq) hinzugegeben und die Reaktionsmischung über Nacht gerührt. Anschließend wurden Essigsäure (2.9 mL) und festes Natriumhydrogencarbonat (2.7 g) hinzugefügt, die Reaktionsmischung für 15 Minuten gerührt und filtriert. Das Filtrat wurde unter vermindertem Druck vom Lösungsmittel befreit und der Rückstand in Ethylacetat (40 mL) und gesättigter Natriumhydrogencarbonat-Lösung (10 mL) wieder aufgenommen. Die Phasen wurden getrennt und die wässrige Phase mit Ethylacetat (3 × 50 mL) gewaschen. Die vereinigten organischen Phasen wurden mit gesättigter Natriumhydrogencarbonat-Lösung (100 mL) und mit Wasser (100 mL) gewaschen, über MgSO$_4$ getrocknet und unter vermindertem Druck vom Lösungsmittel befreit. Der Rückstand wurde in einem Gemisch aus MeOH (30 mL) und Wasser (30 mL) wieder aufgenommen und für 30 Minuten gerührt. Anschließend wurde die Reaktionsmischung mit verdünnter Schwefelsäure (5 %) auf pH 1 gebracht und für 2 h gerührt. Unter Eiskühlung wurde der pH-Wert dann mit Natronlauge (2 N) auf ca. 9 eingestellt und die Reaktionsmischung mit EtOAc (4 × 100 mL) extrahiert. Die vereinigten organischen Phasen wurden über MgSO$_4$ getrocknet und unter vermindertem Druck vom Lösungsmittel befreit. Durch Trocknung am Vakuum wurde das Produkt als gelblicher Feststoff erhalten (1.3 g, 6 mmol, 55 %).

Summenformel, Molmasse: C$_{12}$H$_{10}$N$_2$O$_2$, 214.22 g/mol

^{1}H-NMR (300 MHz, CDCl$_3$): δ = 3.02 (s, 3H, OMe), 7.35 (ddd, 1 H), 7.87 (td, 1H), 7.96 (t, 1H), 8.16 (dd, 1H), 8.57 (dt, 1H), 8.64 (dd, 1H), 8.69–8.71 (m, 1H) ppm.

6-Propionyl-2,2'-bipyridin (VI)

Zu einer Lösung von 6-Cyano-2,2'-bipyridin (III) (5.00 g, 27.6 mmol) in Diethylether (abs., 70 mL) wurde bei −15 °C Ethylmagnesiumbromid (1 M in THF, 33.2 mL, 33.2 mmol) über 1 h zugetropft. Das Reaktionsgemisch wurde 30 min bei −15 °C gerührt und über 1 h auf RT erwärmt. Nach Zugabe von Salzsäure (2 M, 5 mL) und Diethylether (30 mL) wurde die wässrige Phase abgetrennt, neutralisiert und mit DCM extrahiert (3 × 50 mL). Die vereinigten organischen Phasen wurden mit Wasser gewaschen und über MgSO$_4$ getrocknet. Das Lösungsmittel wurde unter vermindertem Druck entfernt und das Rohprodukt durch Säulenfiltration (Aluminiumoxid, basisch, DCM) gereinigt. Als Produkt wurde ein gelblicher Feststoff erhalten. (3.32 g, 15.6 mmol, 56.7 %).

Summenformel, Molmasse: $C_{13}H_{12}N_2O$, 212.25 g/mol.

^{1}H-NMR (300 MHz, CDCl$_3$): δ = 8.63–8.51 (m, 3H), 8.04–7.95 (m, 3H), 7.38–7.34 (m, 1H), 3.39 (q, 2H), 1.28 (t, 3H) ppm.

1,3-Bis{6-(2,2'-bipyridyl)}1,3-propandion (VII) und 3,5-Bis{6-(2,2'-bipyridyl)}pyrazol (HL^1)

Zu einer Lösung von 6-(2,2'-Bipyridyl)methylcarboxylat (IV) (4.50 g, 21 mmol, 1 eq) und NaOtBu (2.21 g, 23 mmol, 1.1 eq) in 1,4-Dioxan (abs., 10 mL) wurde unter Stickstoffatmosphäre über 2 h tropfenweise eine Lösung von 6-Acetyl-2,2'-bipyridin (4.5 g, 23 mmol, 1.1 eq) in 1,4-Dioxan (abs., 10 mL) gegeben. Die Lösung wurde weitere 2 h bei RT gerührt, wobei ein Feststoff ausfiel. Anschließend wurde mit Zitronensäure (4.4 g, 23 mmol, 1.1 eq) neutralisiert. Nach Zugabe von EtOH (15 mL) und Wasser (15 mL) wurde der Feststoff abfiltriert und mit EtOH und Wasser (je 25 mL) gewaschen. Nach Trocknung wurde VII als hellgelber Feststoff erhalten (4 g, 10.5 mmol, 50 %) und direkt weiterverwendet.

VII (2 g, 5.26 mmol, 1.0 eq) wurde in EtOH (40 mL) suspendiert und mit Hydrazinhydrat (0.5 mL, 526 mg, 10.5 mmol, 2.0 eq) versetzt. Die Reaktionsmischung wurde 5 h zum Rückfluss erhitzt. Nach Entfernung des Lösungsmittels bis auf ca. 10 mL wurde H$_2$O$_2$-Lösung (20 mL, wässr., 5 %) zugegeben. Der ausgefallene Feststoff wurde abfiltriert und mit Wasser und Diethylether gewaschen. Nach Trocknung wurde das Produkt als weißer Feststoff erhalten (1.7 g, 5.05 mmol, 86 %).

Summenformel, Molmasse: $C_{23}H_{16}N_6$, 376.41 g/mol.

^{1}H-NMR (300 MHz, CDCl$_3$): δ = 7.49-7.58 (m, bpy-5'H, 2H), 7.79 (s, pz-H, 1H), 8.02-8.14 (m, bpy-4H, bpy-4'H, bpy-5H, 6H), 8.37 (dd, bpy-3H, 2H), 8.74 (br d, bpy-3'H, 2H), 8.81 (br d, bpy-6'H, 2H) ppm.

EI-MS: m/z (%): 376 (100) [M]$^+$, 347 (15) [M-N$_2$]$^+$, 193 (20).

1,3-Bis{6-(2,2'-bipyridyl)}2-methyl-1,3-propandion (VIII) und 2-Methyl-3,5-bis{6-(2,2'-bipyridyl)}pyrazol (HL²)

Zu einer Lösung von 6-(2,2'-Bipyridyl)methylcarboxylat (**IV**) (3.00 g, 14.0 mmol) und Kaliumhydrid (0.56 g, 14.1 mmol) in Toluol (10 mL) wurde unter Argonatmosphäre bei 70–80 °C Ölbadtemperatur eine Lösung von 6-Propionyl-2,2'-bipyridin (**VI**) (3.00 g, 14.1 mmol) in Toluol (7 mL) langsam zugetropft und für 1 h gerührt. Die Lösung wurde über 1 h auf RT abgekühlt und eine Mischung aus Essigsäure und Ethanol (1:1, 20 mL) hinzugegeben. Nach Entfernen des Lösungsmittels unter vermindertem Druck wurde der Rückstand in Essigsäure/Ethanol (1:1) (10 mL) aufgenommen, der verbleibende Niederschlag abfiltriert und mit Ethanol gewaschen. Als Zwischenprodukt wurde ein hellgelber Feststoff (1.52 g, 3.85 mmol) erhalten.

Das Diketon (**VIII**) wurde nach Trocknung *in vacuo* in EtOH (20 mL) suspendiert und Hydrazinhydrat (0.30 mL, 5.87 mmol) hinzugegeben. Es wurde für 1 h zum Rückfluss erhitzt. Nach Abkühlung auf RT wurde der gebildete Niederschlag abfiltriert und mit EtOH gewaschen. Zusätzliches Produkt wurde aus der Waschlösung durch Einengen des Lösungsmittels unter vermindertem Druck und erneute Filtration erhalten. Nach Entfernen des restlichen Lösungsmittels unter Vakuum wurde das Produkt als Feststoff erhalten (1.47 g, 3.77 mmol, 26.9 % über zwei Stufen).

Summenformel, Molmasse: $C_{24}H_{18}N_6$, 390.44 g/mol

Elementaranalyse: berechnet ($C_{24}H_{18}N_6$): C 73.83, H 4.65, N 21.52; gefunden: C 73.30, H 4.70, N 21.32.

^{1}H-NMR (300 MHz, CDCl₃): δ = 8.77–8.51 (m, 4 H), 8.40–8.32 (m, 2H), 8.12–7.92 (m, 6H), 7.53–7.45 (m, 2H), 2.92 (s, 3H).

^{13}C-NMR (300 MHz, CDCl₃): δ = 11.30 (CH₃), 113.82 (pz-C4), 119.57 (Ar-C), 121.18 (Ar-C), 123.83 (Ar-C), 136.96 (Ar-C), 137.69 (Ar-C), 149.16 (Ar-C), 155.48 (Ar-C), 156.06 (Ar-C) ppm.

EI-MS: m/z (%) = 390 (100) [M]$^+$.

UV/vis (MeCN): λ_{max}/nm ($\varepsilon/(Lmol^{-1}cm^{-1})$) = 237 (5.3 · 10⁴), 266 (4.9 · 10⁴), 303 (3.5 · 10⁴).

1-{6-(2,2'-Bipyridyl)}3-(2-pyridyl)1,3-propandion (XI) und
3-{6-(2,2'-bipyridyl)}5-(2-pyridyl)pyrazol (HL³)

Methyl-2,2'-bipyridin-6-carboxylat (**IV**) (3.46 g, 16.7 mmol, 1.00 eq) wurde unter Schutzgasatmosphäre in Toluol (9 mL) gelöst, mit 2-Acetylpyridin (2.02 g, 16.7 mmol, 1.00 eq) versetzt und auf 70 °C erhitzt. Anschließend wurde KO*t*Bu (1.87 g, 16.7 mmol, 1.00 eq) hinzugegeben und 1.5 h bei 70 °C gerührt. Mit einem Gemisch aus EtOH/Essigsäure (1:1) wurde die Lösung unter Eiskühlung auf einen pH-Wert von 7 gebracht und mit Wasser (3 mL) versetzt. Das ausgefallene Produkt wurde filtriert, mit Wasser sowie Pentan gewaschen und getrocknet. Das Rohprodukt wurde in Form eines weißen Feststoffes (2.52 g, 8.33 mmol, 50 %) gewonnen und ohne weitere Aufarbeitung direkt umgesetzt.

Das Diketon (**XI**) (2.52 g, 8.33 mmol, 1.00 eq) wurde in 1,4-Dioxan (25 mL) gelöst und mit N_2H_4 (533 mg, 16.0 mL (1 M in THF), 16.7 mmol, 2.00 eq) versetzt. Das Reaktionsgemisch wurde 2 h bei 105 °C gerührt. Anschließend wurden zwei Drittel des Lösungsmittels bei vermindertem Druck entfernt. Unter Eiskühlung wurde eine erste Ausbeute des Rohproduktes gewonnen. Der Niederschlag wurde abfiltriert und mit Pentan gewaschen. Das Produkt wurde in Form eines weißen Feststoffes (2.09 g, 6.98 mmol, 84 %,) erhalten.

Summenformel, Molmasse: $C_{18}H_{13}N_5$, 299.12 g/mol.

Elementaranalyse: berechnet ($C_{18}H_{13}N_5 \cdot$ MeOH): C 68.87, H 5.17, N 21.13; gefunden: C 69.24, H 4.80, N 21.02.

^{1}H-NMR (300 MHz, CDCl₃) δ = 7.25–7.31 (m, 1H), 7.35–7.40 (m, 1H), 7.51 (s, 1H, pz-NH), 7.81 (td, 1H), 7.87–7.98 (m, 4H), 8.40 (dd, 1H), 8.57 (d, 1H), 8.65 – 8.69 (m, 1H), 8.72–8.75 (m, 1H) ppm.

^{13}C-NMR (300 MHz, CDCl₃): δ = 101.81 (pz-C4), 120.02 (Ar-C), 120.19 (Ar-C), 120.22 (Ar-C), 121.25 (Ar-C), 122.83 (Ar-C), 123.81 (Ar-C), 136.83 (Ar-C), 136.87 (Ar-C), 137.83 (Ar-C), 149.17 (Ar-C), 149.41 (Ar-C) ppm.

EI-MS: m/z (%) = 299 (100) [M]⁺, 270 (37), 193 (16), [M-py]⁺.

UV/vis (MeCN): λ_{max}/nm $(\varepsilon/(\text{Lmol}^{-1}\text{cm}^{-1}))$ = 235 ($5.2 \cdot 10^4$), 263 ($4.4 \cdot 10^4$), 307 ($3.1 \cdot 10^4$).

1-{6-(2,2'-Bipyridyl)}3-(2-pyrrolyl)propandion (XII) und
3-{6-(2,2'-bipyridyl)}5-(2-pyrrolyl)pyrazol (H$_2$L^4)

Methyl-2,2'-bipyridin-6-carboxylat (**IV**) (2.00 g, 9.35 mmol, 1.00 eq) wurde unter Schutzgasatmosphäre in 1,4-Dioxan (7 mL) gelöst, mit 2-Acetylpyrrol (1.02 g, 9.35 mmol, 1.00 eq) versetzt und auf 70 °C erhitzt. Anschließend wurde NaOMe (505 mg, 9.35 mmol, 1.00 eq) hinzugegeben und 1 h bei 70 °C gerührt. Mit einem Gemisch aus Wasser/Essigsäure (1:1) wurde die Lösung unter Eiskühlung auf einen pH-Wert von 7 gebracht. Das ausgefallene Produkt wurde filtriert, mit Wasser gewaschen und getrocknet. Das Rohprodukt wurde in Form eines gelben Feststoffes (1.34 g, 4.61 mmol, 49 %) gewonnen und ohne weitere Aufarbeitung direkt umgesetzt.

Das Diketon (**XII**) (1.34 g, 4.61 mmol, 1.00 eq) wurde in 1,4-Dioxan (15 mL) gelöst und mit N$_2$H$_4$ (295 mg, 9.22 mL (1 M in THF), 9.22 mmol, 2.00 eq) versetzt. Das Reaktionsgemisch wurde 3 h bei 105 °C gerührt. Anschließend wurden zwei Drittel des Lösungsmittels bei vermindertem Druck entfernt. Die Lösung wurde vorsichtig mit H$_2$O$_2$ (wässr., 5 %) versetzt. Der ausgefallene Niederschlag wurde in Dichlormethan gelöst und mit Dichlormethan (5 × 50 mL) extrahiert, über MgSO$_4$ getrocknet und das Lösungsmittel bei vermindertem Druck entfernt. Anschließend wurde das Rohprodukt in einer Mischung aus Diethylether/Aceton (1:1) wieder aufgenommen und der braune Feststoff filtriert. Das Filtrat wurde vom Lösungsmittel bei vermindertem Druck entfernt. Das Produkt wurde in Form eines gelben Feststoffes (1.20 g, 4.17 mmol, 90 %) erhalten.

Summenformel, Molmasse: C$_{17}$H$_{13}$N$_5$, 287.12 g/mol.

Elementaranalyse: berechnet (C$_{17}$H$_{13}$N$_5$ · H$_2$O): C 66.87, H 4.95, N 22.94; gefunden: C 65.90, H 4.63, N 22.10.

^{1}H-NMR (300 MHz, CDCl$_3$): δ = 6.13 (q, 1H), 6.48–6.52 (m, 1H), 6.80–6.84 (m, 1H), 7.33 (s, 1H, NH), 8.03–8.23 (m, 3H), 8.46 (dd, 1H), 8.65 (td, 1H), 8.95 (dd, 2H), 11.4 (s (br), 1H, NH) ppm.

^{13}C-NMR (300 MHz, CDCl$_3$): δ = 99.29 (pz-C4), 106.44 (Pyrrol-C), 109.32 (Pyrrol-C), 118.40 (Ar-C), 120.01 (Ar-C), 120.44 (Ar-C), 121.22 (Ar-C), 123.99 (Ar-C), 125.71 (Ar-C), 136.97 (Ar-C), 138.02 (Ar-C), 149.23 (Ar-C), 155.45 (Ar-C), 155.73 (Ar-C) ppm.

EI-MS: m/z (%): 287 (100) [M]$^+$, 258 (20).

UV/vis (MeCN): λ_{max}/nm (ε/(Lmol^{-1}cm^{-1})) = 238 (4.8 · 10^4), 267 (6.7 · 10^4),

310 (sh, $3.1 \cdot 10^4$).

12.2. Komplexe

$[\text{Fe}_4^{\text{II}}\text{L}_4^1](\text{BF}_4)_4$ $(\mathbf{1}(\text{BF}_4)_4)$

Der Ligand **HL^1** (670 mg, 1.78 mmol) und KOtBu (200 mg, 1.78 mmol) wurden in THF (20 mL) und MeCN (20 mL) gelöst. Nach einer Stunde Rühren wurde eine Lösung von Fe(BF$_4$)$_2 \cdot 6\,\text{H}_2\text{O}$ (602 mg, 1.78 mmol) in Acetonitril (20 mL) hinzuge-tropft. Der Ansatz wurde für 24 h bei RT gerührt. Die Reaktionsmischung wurde durch Celite filtriert, das Filtrat in Diethylether (300 mL) gegeben und für 15 min gerührt. Das ausgefallene Rohprodukt wurde abfiltiert, mit Et$_2$O (3 × 50 mL) gewaschen und *in vacuo* getrocknet. Das resultierende schwarze Pulver wurde anschließend mit Aceton (3 × 50 mL) extrahiert. Nach Entfernen des Lösungs-mittels wurde das Produkt als schwarzes Pulver erhalten (580 mg, 63 %). Für die Charakterisierung wurde kristallines Material verwendet, welches durch langsa-me Diffusion von Et$_2$O in eine Lösung des Komplexes in DMF erhalten wurde.
Summenformel, Molmasse: $(\text{C}_{23}\text{H}_{15}\text{N}_6)_4\text{Fe}_4(\text{BF}_4)_4$, 2072.22 g/mol.
Elementaranalyse: berechnet $((\text{C}_{23}\text{H}_{15}\text{N}_6)_4\text{Fe}_4(\text{BF}_4)_4 \cdot 4\,\text{DMF})$: C 52.83, H 3.75, N 16.59; gefunden: C 52.69, H 3.89, N 16.68.
MS (ESI+, MeCN): m/z (%) = 431 [Fe$_4$L$_4$]$^{4+}$, 581 [(Fe$_4$L$_4$)F]$^{3+}$ (Das Fluorid stammt wahrscheinlich aus den BF$_4^-$-Ionen).
UV/vis (MeCN): λ_{max}/nm $(\varepsilon/(\text{Lmol}^{-1}\text{cm}^{-1}))$ = 514 (7000), 573 (7000), 650 (3000).

$[\text{Fe}_3^{\text{II}}\text{Fe}^{\text{III}}\text{L}_4^1](\text{BF}_4)_5$ $(\mathbf{1}(\text{BF}_4)_5)$

1(BF$_4$)$_4$ (90 mg, 43 μmol) wurde in EtNO$_2$ (30 mL) gelöst. Die Lösung wurde auf 0 °C gekühlt und mit AgBF$_4$ (90 mg, 462 μmol, 11 eq) versetzt. Die Mischung wurde 15 min gerührt und anschließend filtriert (Glasfaser-Filterpapier). Das Filtrat wurde unter Rühren schrittweise mit Et$_2$O (in Summe 20 mL) versetzt, wobei ein feiner Niederschlag ausfiel. Dieser wurde abfiltriert (P3-Fritte, ohne Überdruck durchlaufen lassen). Kurz bevor der Filterkuchen trocken läuft, wird mit wenig Et$_2$O nachgewaschen (3 × 5 mL). Der Rückstand wird im Ar-Strom getrocknet. Es wurden 78 mg (36 μmol, 84 %) eines dunkelblauen Pulvers erhalten.

Summenformel, Molmasse: $(C_{23}H_{15}N_6)_4Fe_4(BF_4)_5$, 2159.03 g/mol.

$[Fe_2^{II}Fe_2^{III}L_4^1](BF_4)_6$ ($1(BF_4)_6$)

$1(BF_4)_4$ (207 mg, 100 µmol) and festes $AgBF_4$ (194 mg, 1 mmol) wurden auf 50 °C erwärmt. Nitromethan (50 mL) wurde langsam zugegeben, wobei sich sofort eine blaue Lösung bildet. Die Mischung wurde für 15 min bei 50 °C gerührt. Nach Abkühlen auf RT wurde das ausgefallene elementare Silber abfiltriert. Das Nitromethan wurde im Vakuum verdampft und der Rückstand in MeCN (10 mL) wieder aufgenommen. Die Lösung wurde mit Et_2O (30 mL) versetzt und 30 min stehen gelassen, bevor die Lösungsmittel (bis auf einen kleinen überstehenden Rest) abdekantiert wurden. Die übrige Suspension wurde noch zweimal nach derselben Prozedur durch Dekantieren mit Et_2O extrahiert. Das pulvrige Rohprodukt (200 mg, 89 µmol, 89 %) wurde im Ar-Strom getrocknet. Für die Charakterisierung wurde kristallines Material verwendet, welches durch langsame Diffusion von Et_2O in eine Lösung des Komplexes in MeCN erhalten wurde.

Summenformel, Molmasse: $(C_{23}H_{15}N_6)_4Fe_4(BF_4)_6$, 2245.83 g/mol.

Elementaranalyse: berechnet $((C_{23}H_{15}N_6)_4Fe_4(BF_4)_6 \cdot 3\,MeCN)$: C 49.69, H 2.94, N 15.96; gefunden: C 48.70, H 2.75, N 15.34.

HRMS (ESI+, MeCN): vorwiegend Signale von 1^{4+} und 1^{5+} gefunden, die wahrscheinlich während der Messung entstanden sind. m/z (%) = 431 $[Fe_4L_4]^{4+}$, 435 $[Fe_4L_4F]^{4+}$, 581 $[(Fe_4L_4)F]^{3+}$, 891 $[Fe_4L_4F_3]^{2+}$ (Das Fluorid stammt wahrscheinlich aus den BF_4^--Ionen).

UV/vis (MeCN): λ_{max}/nm $(\varepsilon/(Lmol^{-1}cm^{-1}))$ = 587 (4500), 749 (6000).

$[Fe_3^{II}(HL^1)_2L_2^1](BF_4)_4$ (2)

HL^1 (150 mg, 0.40 mmol) und $Fe(BF_4)_2 \cdot 6\,H_2O$ (67 mg, 0.20 mmol) wurden in Acetonitril (25 mL) gelöst. Die resultierende tiefrote Lösung wurde über Nacht bei RT gerührt. Kristallines Material konnte direkt durch langsame Diffusion von Et_2O in die filtrierte Reaktionslösung gewonnen werden. Es wurde rotes kristallines Material von **2** gewonnen (104 mg, 52 µmol, 52 %).

Summenformel, Molmasse: $(C_{23}H_{16}N_6)_2(C_{23}H_{15}N_6)_2Fe_3(BF_4)_4$, 2018.39 g/mol.

Elementaranalyse: berechnet $((C_{23}H_{16}N_6)_2(C_{23}H_{15}N_6)_2Fe_3(BF_4)_4)$: C 54.75, H 3.10, N 16.65; gefunden: C 53.32, H 3.18, N 16.44.

(ESI+, MeCN): m/z (%) = 431 $[Fe_4L_4]^{4+}$, 807 $[Fe(HL)L]^+$.

UV/vis (MeCN): λ_{max}/nm (rel. Abs.) = 554 (0.5), 620 (0.2).

$[Fe_4^{II}L_4^2](BF_4)_4$ (3)

HL^2 (300 mg, 768 μmol) wurde in DMF (abs., 20 mL) mit NaOtBu (74 mg, 768 μmol) für 15 min gerührt. Die resultierende hellgelbe Lösung wurde zu einer Lösung von $Fe(BF_4)_2 \cdot 6\,H_2O$ (260 mg, 768 μmol) in entgastem MeOH (10 mL) getropft. Die tiefrote Lösung wurde über Nacht bei Raumtemperatur gerührt. Die Reaktionsmischung wurde unter Rühren in Et_2O (300 mL) gegeben und für 30 min gerührt. Sobald der flockige Niederschlag sedimentiert war, wurde die überstehende Lösung fast vollständig abdekantiert. Der Waschprozess wurde noch dreimal mit Et_2O wiederholt (je 100 mL). Das rotbraune Rohprodukt wurde anschließend *in vacuo* getrocknet. Das Pulver wurde in Aceton p. a. (300 mL) suspendiert, für 15 Minuten mit Ultraschall behandelt und anschließend für 1 h gerührt. Die Suspension wurde über Celite (mit Aceton angefeuchtet) abfiltriert, der grünliche Vorlauf wurde verworfen. Das Filtrat wurde *in vacuo* bei 30 °C vom Lösungsmittel befreit. Es wurden 260 mg (0.12 mmol, 64 %) eines schwarzen Pulvers erhalten. Für die Charakterisierung wurde kristallines Material verwendet, welches durch langsame Diffusion von Et_2O in eine Lösung des Komplexes in MeCN erhalten wurde.

Summenformel, Molmasse: $(C_{24}H_{17}N_6)_4Fe_4(BF_4)_4$, 2128.33 g/mol.

Elementaranalyse: berechnet $(C_{24}H_{17}N_6)_4Fe_4(BF_4)_6 \cdot 2\,MeCN)$: C 54.18, H 3.22, N 15.79, gefunden: C 53.33, H 3.70, N 16.52.

(ESI+, MeCN): m/z (%) = 445 $[Fe_4L_4]^{4+}$ überlagert mit $[Fe_2L_2]^{2+}$.

UV/vis (MeCN): λ_{max}/nm $(\varepsilon/(Lmol^{-1}cm^{-1}))$ = 237 (120000), 270 (92000), 315 (70000), 540 (7000), 690 (1000), 870 (800).

$[Fe_2^{II}(HL^1)_4](BF_4)_4$ (4)

HL^1 (150 mg, 0.40 mmol) wurde in Aceton (30 mL) gelöst. Festes $Fe(BF_4)_2 \cdot 6\,H_2O$ (67 mg, 0.20 mmol) wurde hinzugefügt und die Mischung für 6 h gerührt. Nach Filtration wurde kristallines Material durch Überschichten der Lösung mit Et_2O

gewonnen. Durch zweimaliges Umkristallisieren aus MeCN/Et$_2$O wurden für die Röntgenstrukturanalyse geeignete Kristalle erhalten (83 mg, 42 μmol, 42 %).

Summenformel, Molmasse: (C$_{23}$H$_{15}$N$_6$)$_4$Fe$_2$Ag$_4$(BF$_4$)$_6$, 2931.94 g/mol.

Elementaranalyse: berechnet ((C$_{24}$H$_{17}$N$_6$)$_4$Fe$_4$(BF$_4$)$_6$ · 2 MeCN): C 56.25, H 3.28, N 17.11, gefunden: C 53.66, H 3.16, N 16.11.

(ESI+, MeCN): m/z (%) = 404 [Fe(HL)$_2$]$^{2+}$, 431 [Fe$_4$L$_4$]$^{4+}$, 807 [Fe(HL)L]$^+$.

UV/vis (MeCN): λ_{max}/nm (ε/(Lmol^{-1}cm^{-1})) = 234 (4.2 · 10^5), 313 (2.9 · 10^5), 455 (sh, 19000), 526 (26000), 580 (sh, 8000).

[Fe$_2^{III}$(Ag$_2^I$)$_2$L$_4^1$](BF$_4$)$_6$ (5)

Eine Mischung des Liganden **HL^1** (200 mg, 530 μmol) und Fe(BF$_4$)$_2$ · 6 H$_2$O (90 mg, 265 μmol) wurde in MeNO$_2$ (75 mL) gelöst, wobei sich sofort eine tiefrote Lösung bildete. Nach Rühren für 1 h wurde AgBF$_4$ (400 mg, 2.05 mmol, 3.9 eq) zugegeben, wobei die Farbe der Lösung zu tiefblau umschlug. Während der Ansatz für 2 h rührte, bildete sich ein Ag^0-Niederschlag, welcher anschließend abfiltriert wurde. Durch langsame Diffusion (b2b) von MTBE in das Filtrat wurde kristallines Rohprodukt des Komplexes erhalten. Nach Umkristallisieren wurden dünne blaue Kristallplättchen des Komplexes erhalten. (110 mg, 38 μmol, 28 %).

Summenformel, Molmasse: (C$_{23}$H$_{15}$N$_6$)$_4$Fe$_2$Ag$_4$(BF$_4$)$_6$, 2931.94 g/mol.

Elementaranalyse: berechnet ((C$_{23}$H$_{15}$N$_6$)$_4$Fe$_2$Ag$_4$(BF$_4$)$_6$ · 6 CH$_3$NO$_2$): C 40.15, H 2.68, N 14.33; gefunden: C 40.02, H 2.61, N 13.73.

UV/vis (MeCN): λ_{max}/nm (ε/(Lmol^{-1}cm^{-1})) = 575 (3200), 800 (2000).

[Fe^{II}(HL^3)$_2$]$_2$(BF$_4$)$_4$ (6)

Der Ligand **HL^3** (225 mg, 752 μmol) wurde in Acetonitril (30 mL) gelöst und mit festem Fe(BF$_4$)$_2$ · 6 H$_2$O (127 mg, 376 μmol, 0.5 eq) versetzt. Die resultierende tiefrote Lösung wurde für 1 h bei RT gerührt und anschließend filtriert. Kristallines Material wurde nach einigen Tagen durch langsame Diffusion von Diethylether in die Komplexlösung erhalten (108 mg).

Summenformel; Molmasse: (C$_{18}$H$_{13}$N$_5$)$_4$Fe$_2$(BF$_4$)$_4$, 1656.23 g/mol.

Elementaranalyse: berechnet ((C$_{18}$H$_{13}$N$_5$)$_4$Fe$_2$(BF$_4$)$_4$): C 52.21, H 3.16, N 16.91, gefunden: C 50.27, H 3.29, N 16.48.

(ESI+, MeCN): m/z (%) = 327 [Fe(HL)$_2$]$^{2+}$, 653 [Fe(HL)L]$^+$.

UV/vis (MeCN): λ_{max}/nm $(\varepsilon/(\text{Lmol}^{-1}\text{cm}^{-1})) = 237$ $(2 \cdot 10^5)$, 260 $(1.8 \cdot 10^5)$, 323 $(1.7 \cdot 10^5)$, 454 (13000), 525 (17000), 610 (sh, 3600).

[Cu$_4^{II}$L$_4^3$](OTf)$_4$ (7)

Der Ligand **HL^3** (50.0 mg, 0.167 mmol, 1.0 eq) und [Cu(MeCN)$_4$](OTf) (32 mg, 0.0836 mmol, 0.5 eq) wurden in Acetonitril (abs., 20 mL) unter Schutzgasatmosphäre gelöst. In die resultierende braune Lösung wurde Et$_2$O diffundiert. Nach wenigen Tagen bildeten sich erste braune Kristalle, die sich nach weiteren wenigen Tagen grün verfärbten. Nach Umkristallisation aus MeCN/Et$_2$O wurde grüne Kristalle gewonnen.

Summenformel; Molmasse: (C$_{18}$H$_{12}$N$_5$)$_4$Cu$_4$(CF$_3$O$_3$S)$_4$, 2043.75 g/mol.

Elementaranalyse: berechnet ((C$_{18}$H$_{12}$N$_5$)$_4$Cu$_4$(OTf)$_4$): C 44.66, H 2.37, N 13.71, S 6.28; gefunden: C 43.47, H 2.22, N 13.51, S 6.21.

(ESI+, MeCN): m/z (%) = 361 [Cu$_4$L$_4$]$^{4+}$, 872 [Cu$_4$L$_4$(OTf)$_2$]$^{2+}$.

UV/vis (MeCN): λ_{max}/nm $(\varepsilon/(\text{Lmol}^{-1}\text{cm}^{-1})) = 237$ $(2.3 \cdot 10^5)$, 294 $(1.5 \cdot 10^5)$, 345 (42000). folgt

[FeCu$_3$L$_4^3$](OTf)$_3$ (8)

Der Ligand **HL^3** (200 mg, 0.669 mmol) wurde in THF (abs., 20 mL) mit KHDMS (160 mg, 1.2 eq) 30 min deprotoniert, dabei wurde die Lösung entgast. Eine Lösung aus Fe(OTf)$_2$ · 2 MeCN (146 mg, 0.5 eq) und Cu(OTf) · 4 MeCN (126 mg, 0.5 eq) in MeCN (10 mL) wurde hinzugetropft, wobei sich eine dunkle (rotbraune) Lösung bildete. Diese wurde mit Diethylether (30 mL) überschichtet. Nach einigen Tagen bildete sich teilkristallines Material, welches isoliert wurde. Umkristallisation erfolgte durch langsame Diffusion von Diethylether in eine Lösung des Komplexes in DMF. Es wurden nur einzelne Kristalle isoliert. Die Charakterisierung beschränkt sich auf Kristallstrukturanalyse.

Summenformel; Molmasse: (C$_{18}$H$_{12}$N$_5$)$_4$Cu$_3$Fe(CF$_3$O$_3$S)$_3$, 1887.07 g/mol.

[Fe$_2^{II}$Cu$_2^I$L$_4^3$](OTf)$_2$ (9)

HL^3 (100 mg, 334 μmol) wurde in THF (abs., 30 mL) gelöst und mit NaOtBu (32 mg, 334 μmol, 1 eq) versetzt. Nach einstündigem Rühren wurde das Lösungsmittel *in vacuo* entfernt und der Rückstand in MeOH (5 mL) suspendiert. Fe(OTf)$_2$ (59 mg, 167 μmol, 0.5 eq) wurde in MeOH (abs., 5 mL) gelöst. Diese Lösung wird zu der Ligandenlösung gegeben. Die resultierende tiefgrüne Lösung wird für 30 min bei RT gerührt, wobei sich ein feinkristalliner Niederschlag bildet. [CuCl(cod)]$_2$ (35 mg, 56 μmol, 0.5 eq) wird in MeOH (abs., 5 mL) und DCM (abs., 20 mL) gelöst. Diese Lösung wird zu der auf 0 °C gekühlten Reaktionsmischung gegeben, wobei alle Bestandteile in Lösung gehen. Nach 2 h Rühren wird Et$_2$O zugegeben (30 mL) und der Ansatz über Nacht stehen gelassen. Das auskristallisierte Rohprodukt wird über eine Fritte (P3) filtriert, mit Et$_2$O gewaschen und getrocknet. Das Rohprodukt wird durch die Fritte mit DCM (abs., 10 mL) extrahiert. Zur Charakterisierung geeignetes kristallines Material wurde durch langsame Diffusion von Et$_2$O in den DCM-Extrakt gewonnen.

Summenformel; Molmasse: (C$_{18}$H$_{12}$N$_5$)$_4$Cu$_2$Fe$_2$(CF$_3$O$_3$S)$_2$, 1730.21 g/mol.

(ESI+, MeCN): m/z (%) = 716 [Fe$_2$Cu$_2$L$_4$]$^{2+}$, 653 [Fe(HL)L]$^+$.

UV/vis (MeCN): λ_{max}/nm (rel. Abs.) = 390 (sh, 0.7), 610 (0.15), 700 (br, sh, 0.05). (Hinweis: Daten aus der Spektroelektrochemie, Konzentration nicht bestimmt.)

[Fe^{II}(H$_2$L^4)$_2$](OTf)$_2$ (10)

Zu einer Lösung von H$_2$L^4 (200 mg, 0.69 mmol) in Acetonitril (40 mL) wurde unter Argonatmosphäre Fe(OTf)$_2$ · 2 MeCN (151 mg, 0.35 mmol) gegeben. Nach 2 h Rühren wurde die Lösung filtriert und über die *b2b*-Methode langsam mit Diethylether überschichtet. Nach einigen Tagen konnten einzelne schwarz- violette Kristalle erhalten werden.

Die Charakterisierung beschränkt sich auf Kristallstrukturanalyse.

Summenformel; Molmasse: (C$_{17}$H$_{13}$N$_5$)$_2$Fe · $\frac{3}{2}$ Et$_2$O·MeCN, 1080.87 g/mol.

[Fe$_2^{II}$(Cu$_2^{I}$)$_2$L$_4^4$] (11)

Der Ligand H$_2$L^4 (200 mg, 0.687 mmol) wurde in Methanol (abs., 20 mL) gelöst und für 30 min mit KO^{t}Bu deprotoniert. Zu der hellgrünen Lösung wurde Cu(OTf) · 4 MeCN (262 mg, 1 eq) und Fe(OTf)$_2$ · 2 MeCN (152 mg, 0.5 eq) gegeben, wobei sich eine dunkle Suspension bildete, welche über Nacht gerührt wurde. Das Lösungsmittel wurde *in vacuo* entfernt. Der Rückstand wurde zweimal mit 10 mL Methanol (abs.) extrahiert und in DMF (15 mL) aufgenommen. Nach

1 h Rühren wurde der Extrakt in einen Schlenk-Rohr überführt und über die *b2b*-Methode mit Diethylether versetzt. Das entstandene Pulver wurde über eine P3-Fritte abgetrennt, mit Diethylether gewaschen (2 × 15 mL) und mit MeCN (4 × 5 mL) extrahiert. Der Rückstand wurde weiter mit DMF (4 × 5 mL) extrahiert. Durch langsame Diffusion von Diethylether in den DMF-Extrakt wurden einzelne Kristalle gewonnen.

Die Charakterisierung beschränkt sich auf Kristallstrukturanalyse.

Summenformel; Molmasse: $(C_{17}H_{13}N_5)_4(Cu_2)_2Fe_2 \cdot DMF$, 1580.19 g/mol.

Mössbauer-Parameter

In den folgenden Tabellen sind die Mössbauer-Parameter sämtlicher eisenhaltiger Komplexe zusammengetragen. Für Komplex **1** zeigte sich die Situation aufgrund von Nachbareffekten komplexer, die verschiedenen Anpassungen sind daher gesondert beschrieben.

Komplex 1^{4+}

Tabelle 12.1.: Zusammengefasste Mößbauer-Parameter von Komplex 1^{4+}. Isomerieverschiebung δ und die Quadrupolaufspaltung ΔE_Q (beide in mms^{-1}) in mm/s. A gibt den relativen Flächenanteil an.

	HS in [4HS]			HS in [3HS-1LS]			LS in [3HS-1LS]		
T / K	δ	ΔE_Q	$A/\%$	δ	ΔE_Q	$A/\%$	δ	ΔE_Q	$A/\%$
295	0.92	2.02	100	-			-		
220	0.98	1.96	37.9	0.97	2.47	46.1	0.32	0.94	16.0
190	0.99	2.00	21.6	0.99	2.54	56.7	0.34	0.95	21.8
133	-			1.03	2.68	71.3	0.38	0.90	28.7
110	-			1.04	2.72	69.2	0.38	0.93	30.8
80$^{a)}$	-			1.05	2.79	65.8	0.39	0.94	34.2
5.2$^{a)}$	-			1.06	2.78	65.2	0.39	0.94	34.8

a) Bei 80 und 5.2 K liegt die Probe z.T. im [2HS-2LS]-Zustand vor (ca. 38 %). Die Mößbauer-Parameter unterscheiden sich nicht signifikant von denen der [3HS-1LS]-Spezies.

Tabelle 12.2.: Zusammengefasste Mößbauer-Parameter von Komplex 1^{4+} unter Berücksichtigung zweier HS-Spezies und einer LS-Spezies. Isomerieverschiebung δ und die Quadrupolaufspaltung ΔE_Q (beide in mms^{-1}) in mm/s. A gibt den relativen Flächenanteil an.

	LS in [3HS-1LS] und [2HS-2LS]*			HS1 in [3HS-1LS] und [2HS-2LS]*			HS2 in [3HS-1LS] und [2HS-2LS]*		
T / K	δ	ΔE_Q	$A/\%$	δ	ΔE_Q	$A/\%$	δ	ΔE_Q	$A/\%$
133	0.38	0.90	32.0	1.02	2.43	26.9	1.03	2.79	41.2
110	0.39	0.92	32.5	1.04	2.47	22.5	1.04	2.82	45.0
80	0.39	0.94	36.5	1.06	2.57	19.2	1.05	2.88	44.3
5.2	0.40	0.93	36.9	1.07	2.59	22.6	1.06	2.88	40.6

*) Ähnlich wie bei den Ergebnissen aus Tabelle 12.1 liegt die Probe bei 80 K und 5.2 K zum Teil in der [2HS-2LS]-Form vor, auf die Anpassung mit weiterenUnterspektren wurde verzichtet.

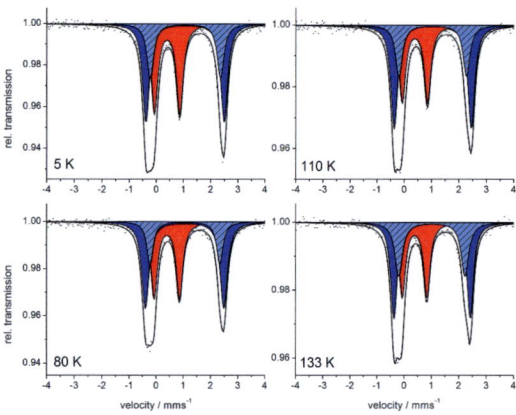

Abbildung 12.1.: Mößbauer-Spektrum von Komplex 1^{4+} unter Berücksichtigung von einem LS und zwei HS-Anteilen, Parameter in Tabelle 12.2.

Komplexe 1^{5+}, 1^{6+}, 2, 3, 4, 5, 6, 9

Tabelle 12.3.: gesammelte Mössbauer-Parameter; δ und ΔE_Q in mm/s, Fläche A in %.

Nr.	T / K	HS-Fe^{II} δ	ΔE_Q	A	LS-Fe^{II} δ	ΔE_Q	A	LS-Fe^{III} δ	ΔE_Q	A
	150	1.05	2.61	62				0.12	3.40	38
1^{5+}	80	1.07	2.78	65				0.14	3.41	35
	20	1.07	2.80	66				0.14	3.42	34
1^{6+}	80	1.04	2.99	49				0.15	3.49	51
2	80	1.05	2.94	32	0.35	0.91	68			
	250	0.96	1.30	50	0.31	0.96	50			
	200	0.99	1.48	50	0.33	0.96	50			
3	150	1.02	1.73	50	0.34	0.96	50			
	80	1.06	2.07	50	0.35	0.98	50			
	7	1.08	2.13	50	0.35	0.99	50			
	80$^{a)}$	1.10	2.44	50	0.32	0.94	50			
4	80	0.92	2.02	7	0.32	0.88	93			
	200							0.13	3.02	
								0.02	3.25	
5	80							0.16	3.04	
								0.05	3.25	
	6							0.16	3.04	
								0.07	3.26	
6	295	0.28	0.94	100						
	6	0.36	0.94	100						
	295	0.98	2.31	74	0.23	0.85	26			
	200	1.03	2.71	74	0.28	0.87	26			
9	80$^{b)}$	1.09	2.81	66	0.32	0.84	34			
	80	1.09	2.78	75	0.31	0.87	26			
	7	1.10	2.77	75	0.32	0.87	25			

a) Messung in gefrorener MeCN-Lsg., b) Kontrollmessung direkt nach SQUID-Experiment (Abbildung 9.9).

Kristallographie

Die Röntgenstrukturdaten der Einkristalle wurden an einem *STOE* IPDS II mit Graphit-monochromatisierter Mo-K$_\alpha$-Strahlung ($\lambda = 0.71073\,\text{Å}$) aufgenommen. Die Messwerte wurden bezüglich Lorentz- und Polarisationseffekten korrigiert, z. T. auch bezüglich der Absorption. Die Strukturlösung und -verfeinerung erfolgte mit den Programmen *SHELXS*[206] bzw. *SHELXL*.[207]

Tabelle 12.4.: Kristalldaten und Verfeinerungsdetails für Verbindungen $1(BF_4)_4$ (133 K), $1(BF_4)_4$ (233 K), $1(BF_4)_6$.

Komplexnummer (ID)	$1(BF_4)_4$ (bs13)	$1(BF_4)_4$(bs13m40)	$1(BF_4)_6$(bs14)
Empirical formula	C104H88B4F16Fe4N28O4	C104H88B4F16Fe4N28O4	C98H69B6F24Fe4N27
Formula weight	2364.66	2364.66	2369.06
Temperature / K	133(2)	233(2)	133(2)
Crystal system	Monoclinic	Monoclinic	Monoclinic
Space group	$C\,c$	$C\,c$	$C\,2/c$
$a/\text{Å}$	20.3055(5)	20.2805(6)	22.8484(9)
$b/\text{Å}$	19.9940(4)	20.1986(4)	21.3317(6)
$c/\text{Å}$	26.0833(6)	26.4309(7)	19.8839(9)
$\alpha/°$	90	90	90
$\beta/°$	102.220(2)	102.811(2)	95.442(3)
$\gamma/°$	90	90	90
Volume / Å^3	10349.6(4)	10557.6(5)	9647.6(6)
Z	4	4	4
ϱ(calc.) / gcm^{-3}	1.518	1.488	1.631
μ/mm^{-1}	0.647	0.634	0.702
$F(000)$	4832	4832	4784
Crystal size / mm^3	0.26 x 0.23 x 0.17	0.26 x 0.23 x 0.17	0.18 x 0.12 x 0.09
θ range / °	1.45 to 25.66	1.44 to 25.65	1.31 to 25.71
Index ranges h, k, l	$\pm24, \pm24, \pm31$	$\pm24, \pm24, \pm32$	$-25\text{-}27, \pm25, \pm24$
Reflections collected	42605	43506	39937
Indep. refl. [R_{int}]	18393 [0.0650]	18766 [0.0745]	9097 [0.0986]
Completeness to θ	0.994	0.997	0.99
Absorption correction	None	None	Numerical
max./min. transmission	-	-	0.9327 and 0.7909
data/restraints/param.	18393 / 47 / 1439	18766 / 47 / 1439	9097 / 42 / 790
Goodness-of-fit on F^2	1.035	1.011	1.06
$R1, \omega R2\,(I > 2\sigma(I))$	0.0582, 0.1184	0.0581, 0.0959	0.0755, 0.1388
$R1, \omega R2$ (all data)	0.0773, 0.1257	0.0885, 0.1042	0.1247, 0.1551
resid. el. dens / $(e/\text{Å}^3)$	0.780 and -0.383	0.500 and -0.254	2.080 and -0.530

Tabelle 12.5.: Kristalldaten und Verfeinerungsdetails für Verbindungen **1**(BF$_4$)$_5$, **2**, **3**.

Komplexnummer (ID)	**1**(BF$_4$)$_5$(bs51)	**2** (bs24b)	**3** (bs52)
Empirical formula	C97H75B5F20Fe4F29O10	C96H68B4F16Fe3N26	C100H74B4N26F16Fe4
Formula weight	2464.31	2100.55	2210.49
Temperature / K	133(2)	133(2)	133(2)
Crystal system	Triclinic	Triclinic	Mmonoclinic
Space group	$P\,1$	$P\bar{1}$	$C2/c$
$a/\text{Å}$	13.3682(4)	14.0163(7)	30.722(6)
$b/\text{Å}$	13.4631(4)	14.4735(8)	12.811(3)
$c/\text{Å}$	16.2668(5)	24.4012(13)	26.891(5)
$\alpha/°$	78.105(2)	91.179(4)	90
$\beta/°$	78.313(2)	96.199(4)°	120.65(3)
$\gamma/°$	61.772(2)	107.901(4)	90
Volume / Å^3	2505.27(13)	4675.4(4)	9105(3)
Z	1	2	4
ϱ(calc.) / gcm^{-3}	1.633	1.492	1.613
$\mu/$ mm^{-1}	0.682	0.555	0.726
F(000)	1249	2136	4496
Crystal size / mm^3	0.18 x 0.14 x 0.11	0.16 x 0.14 x 0.10	0.15 x 0.14 x 0.12
θ range / °	1.29 to 25.67°	1.54 to 25.67°	1.54 to 25.7°
Index ranges h, k, l	±16, ±16, ±19	±17, ±17, ±29	±37, ±15, ±32
Reflections collected	68874	38201	35093
Indep. refl. [R$_{\text{int}}$]	18188 [0.0838]	17564 [0.1372]	8592 [0.0980]
Completeness to θ	0.996	0.991	0.991
Absorption correction	Numerical	None	Numerical
max./min. transmission	0.9460 and 0.8732		0.8945 and 0.803
data/restraints/param.	18188 / 119 / 1473	17564 / 58 / 1322	8592/0/679
Goodness-of-fit on F^2	1.021	0.922	1.031
$R1$, $\omega R2\,(I > 2\sigma(I))$	0.0526, 0.1307	0.0830, 0.1115	0.0582, 0.0834
$R1$, $\omega R2$ (all data)	0.0606, 0.1353	0.1875, 0.1338	0.1108, 0.0933
resid. el. dens / (e/Å^3)	1.060 and -0.527	0.823 and -0.672	0.806 and -0.599

Tabelle 12.6.: Kristalldaten und Verfeinerungsdetails für Verbindungen **4, 5, 6**.

Komplexnummer (ID)	4 (bs63)	5 (bs50)	6 (bs16)
Empirical formula	C96H70B4F16Fe2N26	C98H78Ag4B6F24Fe2N30O12	C80H58F12Fe2N22O12S4
Formula weight	2046.72	2931.94	1987.42
Temperature / K	133(2)	133(2)	133(2)
Crystal system	Monoclinic	Triclinic	Monoclinic
Space group	$P\,21/n$	$P\bar{1}$	$P\,21/c$
$a/\text{Å}$	23.3815(4)	15.7063(8)	26.2691(10)
$b/\text{Å}$	15.3567(4)	19.1343(8)	13.7445(3)
$c/\text{Å}$	27.0343(4)	20.4113(8)	25.3712(10)
$\alpha/°$	90	66.060(3)	90
$\beta/°$	110.7830(10)	79.413(4)	113.688(3)
$\gamma/°$	90	87.507(4)	90
Volume / Å^3	9075.4(3)	5507.7(4)	8388.6(5)
Z	4	2	4
ϱ(calc.) / gcm^{-3}	1.498	1.768	1.574
μ/ mm^{-1}	0.418	1.069	0.549
$F(000)$	4176	2916	4048
Crystal size / mm^3	0.50 x 0.49 x 0.28	0.50 x 0.20 x 0.13	0.50 x 0.22 x 0.09
θ range / °	1.43 to 25.67	1.11 to 25.11	1.61 to 26.85
Index ranges h, k, l	±27, ±18, −32-31	±18, ±22, ±24	±33, −17-14, ±32
Reflections collected	107638	83091	76217
Indep. refl. [R_{int}]	17118 [0.0382]	83091 [0.0000]	17905 [0.0711]
Completeness to θ	0.996	0.976	0.993
Absorption correction	Numerical	Numerical	Numerical
max./min. transmission	0.9365 and 0.7768	0.8726 and 0.6893	0.8536 and 0.5961
data/restraints/param.	17118 / 75 / 1301	83091 / 0 / 1586	17905 / 0 / 1205
Goodness-of-fit on F^2	1.03	1.035	1.006
R1, ωR2 ($I > 2\sigma(I)$)	0.0577, 0.1433	0.0740, 0.1941	0.0423, 0.0855
R1, ωR2 (all data)	0.0698, 0.1501	0.0956, 0.2064	0.0750, 0.0919
resid. el. dens / $(e/\text{Å}^3)$	2.427 and -0.750	1.242 and -0.777	0.763 and -0.542

Tabelle 12.7.: Kristalldaten und Verfeinerungsdetails für Verbindungen **7**, **8**, **9**.

Komplexnummer (ID)	7 (bs59)	8 (bs23)	9 (bs60)
Empirical formula	C76H48Cu4F12N20O12S4	C72H48Cu3FeN20	C74H48Cu2F6Fe2N20O6S2
Formula weight	2043.74	1439.77	1730.22
Temperature / K	133(2)	133(2)	133(2)
Crystal system	Monoclinic	Triclinic	Monoclinic
Space group	$C\,2/c$	$P\bar{1}$	$P\,21$
a / Å	12.9635(5)	14.7157(4)	15.5805(6)
b / Å	27.6013(14)	23.7958(7)	14.9766(3)
c / Å	28.0467(10)	25.2083(7)	35.1296(13)
α / °	90	107.345(2)	90
β / °	113.518(3)	96.135(2)	90.029(3)
γ / °	90°	102.922(2)	90
Volume / Å^3	9201.8(7)	8068.3(4)	8197.2(5)
Z	4	4	4
ϱ(calc.) / gcm^{-3}	1.475	1.185	1.402
μ/ mm^{-1}	1.093	1.005	0.985
$F(000)$	4112	2932	3504
Crystal size / mm^3	0.18 x 0.13 x 0.1	0.26 x 0.15 x 0.10	0.48 x 0.09 x 0.04
θ range / °	1.48 to 25.72	1.45 to 25.67	1.16 to 24.62
Index ranges h, k, l	–14-15, ±33, ±34	±17, ±28, –29-30	±18, –15-17, ±41
Reflections collected	44466	95742	59104
Indep. refl. [R$_{int}$]	8700 [0.0960]	30410 [0.0890]	24578 [0.0916]
Completeness to θ	0.992	0.995	0.992
Absorption correction	Numerical	None	None
max./min. transmission	0.8858 and 0.7411	-	-
data/restraints/param.	8700 / 114 / 547	30410 / 0 / 1729	24578 / 200 / 1988
Goodness-of-fit on F^2	1.031	1.009	1.044
R1, ωR2 ($I > 2\sigma(I)$)	0.0943, 0.2443	0.0570, 0.0758	0.0782, 0.1525
R1, ωR2 (all data)	0.1387, 0.2706	0.1179, 0.0819	0.1190, 0.1670
resid. el. dens / (e/Å^3)	1.163 and -1.046	0.364 and -0.586	0.786 and -0.422

Tabelle 12.8.: Kristalldaten und Verfeinerungsdetails für Verbindungen **10, 11**.

Komplexnummer (ID)	**10** (bs25)	**11** (bs31)
Empirical formula	C44H44F6FeN11O7.50S2	C71H51Cu4Fe2N21O
Formula weight	1080.87	1580.19
Temperature / K	133(2) K	133(2) K
Crystal system	Monoclinic	Triclinic
Space group	$C\,2/c$	$P\bar{1}$
$a\,/\,\text{Å}$	30.1818(9)	12.6002(6)
$b\,/\,\text{Å}$	15.1682(4)	16.9151(7)
$c\,/\,\text{Å}$	25.2260(7)	19.6931(8)
$\alpha\,/\,°$	90	83.493(3)
$\beta\,/\,°$	124.118(2)	74.566(3)
$\gamma\,/\,°$	90	70.138(3)
Volume / Å^3	9560.9(5)	3804.0(3)
Z	8	2
ϱ(calc.) / gcm^{-3}	1.502	1.380
$\mu\,/\,\text{mm}^{-1}$	0.490	1.524
$F(000)$	4456	1600
Crystal size / mm^3	0.24 x 0.23 x 0.11	0.50 x 0.40 x 0.11
θ range / °	1.57 to 25.65	1.28 to 25.68
Index ranges h, k, l	–35-36, –18-17, ±30	±15, ±20, –22-23
Reflections collected	35192	40967
Indep. refl. [R_{int}]	9017 [0.0708]	14327 [0.0966]
Completeness to θ	0.996	0.991
Absorption correction	Numerical	Numerical
max./min. transmission	0.9258 and 0.6812	0.8282 and 0.3676
data/restraints/param.	9017 / 0 / 661	14327 / 0 / 892
Goodness-of-fit on F^2	1.023	1.000
$R1, \omega R2\,(I > 2\sigma(I))$	0.0459, 0.0935	0.0585, 0.1433
$R1, \omega R2$ (all data)	0.0703, 0.1009	0.0773, 0.1512
resid. el. dens / $(e/\text{Å}^3)$	0.357 and -0.370	1.395 and -1.234

Liste Wissenschaftlicher Beiträge

Publikationen

1. B. Schneider, S. Demeshko, S. Dechert, F. Meyer, *„A Double-Switching Multistable Fe4 Grid Complex with Stepwise Spin-Crossover and Redox Transitions"*, *Angew. Chem. Int. Ed.* **2010**, *49*, 9274-9277.
   B. Schneider, S. Demeshko, S. Dechert, F. Meyer, *„Ein zweifach schaltender multistabiler Fe4-Gitterkomplex mit stufenweisen Spin- und Redoxübergängen"*, *Angew. Chem.* **2010**, *122*, 9461-9464.

2. B. Schneider, S. Demeshko, S. Dechert, F. Meyer, *„Grid Expansion: a Rhombic-like [L4Fe2(Ag2)2] Complex Containing Ag2 Dumbbells at Two Vertices"*, *Inorg. Chem.* **2012**, *51*, 4912-4914.

Vorträge

1. B. Schneider, F. Meyer, *„Eisen(II)-Gitterkomplexe mit Spin-Crossover-Verhalten"*, Koordinationschemie-Treffen, Gießen, Februar 2008.

2. B. Schneider, F. Meyer, *„Schaltbare [2 × 2] Eisen(II)-Gitterkomplexe"*, Chemieforum 2009, Göttingen, Juli 2009.

3. B. Schneider, F. Klinke, F. Meyer, *„Bausteine im molekularen Magnetismus – Schaltbare Gitterkomplexe und Einzelmolekülmagnete"*, Doktorandenworkshop des SFB 602, Dassel, Oktober 2010.

4. B. Schneider, F. Meyer, *„Multistable Fe4 [2 × 2] Grid Complexes"*, 7th Seeheim Workshop on Mössbauer Spectroscopy, Frankfurt, Juni 2011.

Poster

1. J. I. van der Vlugt, S. Demeshko, B. Schneider, S. Dechert, F. Meyer, *„[2 × 2] Grid Complexes of a New Pyrazolate-Based Compartmental Ligand"*, Meeting of the Priority Programme 'Molecular Magnetism', Bad Dürkheim, May 2007.

2. B. Schneider, S. Demeshko, J. I. van der Vlugt, S. Dechert, F. Meyer, *„Compact [2 × 2] Fe_4 grid complexes with cooperative spin crossover behaviour"*, 11th International Conference on Molecule-based Magnets, Florenz, September 2008.

3. B. Schneider, S. Demeshko, S. Dechert, F. Meyer, *„Compact [2 × 2] Iron Grid Complexes with Spin-Crossover and Redox Transitions"*, Doktorandenworkshop des SFB 602, Dassel, Oktober 2010.

4. B. Schneider, S. Demeshko, S. Dechert, F. Meyer, *„Multistable [2 × 2] Fe_4 Grid Complexes"*, International Symposium on Molecular Coordination Chemistry, Mülheim/Ruhr, November 2010.

5. B. Schneider, S. Demeshko, S. Dechert, F. Meyer, *„Multistable Fe_4 [2 × 2] Grid Complexes"*, 7th Seeheim Workshop on Mössbauer Spectroscopy, Frankfurt, Juni 2011.

Literaturverzeichnis

[1] M. Hilbert, P. López, *Science* **2011**, *332*, 60–65.

[2] J. I. Gittleman, B. Abeles, S. Bozowski, *Phys. Rev. B* **1974**, *9*, 3891–3897.

[3] A. Levi, *Proceedings of the IEEE* **2008**, *96*, 335–342.

[4] E. Pop, *Nano Research* **2010**, *3*, 147–169.

[5] M. Lundstrom, *Science* **2003**, *299*, 210–211.

[6] F. Schwierz, *Nat. Nanotechnol.* **2010**, *5*, 487–496.

[7] D. Wright, C. Chappert, M. Wuttig, D. Woutters, *IMST Whitebook & conference reports*, Bd. 2010, **2010**.

[8] A. H. Castro Neto, *Science* **2011**, *332*, 315–316.

[9] I. Žutić, *Reviews of Modern Physics* **2004**, *76*, 323–410.

[10] J. Wiebe, A. A. Khajetoorians, B. Chilian, R. Wiesendanger, *Phys. unserer Zeit* **2011**, *42*, 162–163.

[11] S. Steinmüller, K. Lee, T. Bland, *Phys. unserer Zeit* **2008**, *39*, 274–280.

[12] J. Seminario, L. Yan, Y. Ma, *Proceedings of the IEEE* **2005**, *93*, 1753–1764.

[13] V. V. Zhirnov, R. K. Cavin, *Nat. Mater.* **2006**, *5*, 11–12.

[14] C. F. Hirjibehedin, C. P. Lutz, A. J. Heinrich, *Science* **2006**, *312*, 1021–1024.

[15] J. Lehmann, A. Gaita-Ariño, E. Coronado, D. Loss, *J. Mater. Chem.* **2009**, *19*, 1672.

[16] S. Loth, K. v. Bergmann, M. Ternes, A. F. Otte, C. P. Lutz, A. J. Heinrich, *Nature Phys.* **2010**, *6*, 340–344.

[17] F. Troiani, M. Affronte, *Chem. Soc. Rev.* **2011**, *40*, 3119–3129.

[18] A. A. Khajetoorians, J. Wiebe, B. Chilian, R. Wiesendanger, *Science* **2011**, *332*, 1062–1064.

[19] S. Loth, S. Baumann, C. P. Lutz, D. M. Eigler, A. J. Heinrich, *Science* **2012**, *335*, 196–199.

[20] C. S. Lent, P. D. Tougaw, W. Porod, G. H. Bernstein, *Nanotechnology* **1993**, *4*, 49–57.

[21] C. Lent, P. Tougaw, *Proceedings of the IEEE* **1997**, *85*, 541–557.

[22] A. O. Orlov, I. Amlani, G. H. Bernstein, C. S. Lent, G. L. Snider, *Science* **1997**, *277*, 928–930.

[23] I. Amlani, A. O. Orlov, G. Toth, G. H. Bernstein, C. S. Lent, G. L. Snider, *Science* **1999**, *284*, 289–291.

[24] G. L. Snider, A. O. Orlov, I. Amlani, X. Zuo, G. H. Bernstein, C. S. Lent, J. L. Merz, W. Porod, *J. Appl. Phys.* **1999**, *85*, 4283–4285.

[25] R. P. Cowburn, M. E. Welland, *Science* **2000**, *287*, 1466–1468.

[26] A. Imre, G. Csaba, L. Ji, A. Orlov, G. H. Bernstein, W. Porod, *Science* **2006**, *311*, 205–208.

[27] C. S. Lent, *Science* **2000**, *288*, 1597–1599.

[28] M. D. Ward, *Chem. Soc. Rev.* **1995**, *24*, 121.

[29] D. Astruc, *Acc. Chem. Res.* **1997**, *30*, 383–391.

[30] J. A. McCleverty, M. D. Ward, *Acc. Chem. Res.* **1998**, *31*, 842–851.

[31] C. S. Lent, B. Isaksen, M. Lieberman, *J. Am. Chem. Soc.* **2003**, *125*, 1056–1063.

[32] Z. Li, A. M. Beatty, T. P. Fehlner, *Inorg. Chem.* **2003**, *42*, 5707–5714.

[33] Z. Li, T. P. Fehlner, *Inorg. Chem.* **2003**, *42*, 5715–5721.

[34] H. Qi, S. Sharma, Z. Li, G. L. Snider, A. O. Orlov, C. S. Lent, T. P. Fehlner, *J. Am. Chem. Soc.* **2003**, *125*, 15250–15259.

[35] M. Manimaran, G. Snider, C. Lent, V. Sarveswaran, M. Lieberman, Z. Li, T. Fehlner, *Ultramicroscopy* **2003**, *97*, 55–63.

[36] H. Qi, A. Gupta, B. C. Noll, G. L. Snider, Y. Lu, C. Lent, T. P. Fehlner, *J. Am. Chem. Soc.* **2005**, *127*, 15218–15227.

[37] J. P. Bird, *Electron transport in quantum dots* (Springer), **2003**.

[38] Y. Lu, C. S. Lent, *Nanotechnology* **2008**, *19*, 155703.

[39] E. P. Blair, M. Liu, C. S. Lent, *J. Comput. Theor. Nanosci.* **2011**, *8*, 972–982.

[40] O. Sato, J. Tao, Y. Zhang, *Angew. Chem. Int. Ed.* **2007**, *46*, 2152–2187.

[41] L. Cambi, L. Szegö, *Ber. Dtsch. Chem. Ges.* **1931**, *64*, 2591–2598.

[42] L. Cambi, L. Szegö, *Ber. Dtsch. Chem. Ges.* **1933**, *66*, 656–661.

[43] E. König, *Coord. Chem. Rev.* **1968**, *3*, 471–495.

[44] H. A. Goodwin, *Coord. Chem. Rev.* **1976**, *18*, 293–325.

[45] R. Bau, P. Gütlich, R. Teller, P. Gütlich, in *Metal Complexes* (Springer Berlin / Heidelberg), Bd. 44 von *Structure & Bonding*, **1981** S. 83–195, S. 83–195.

[46] S. Decurtins, P. Gütlich, C. Köhler, H. Spiering, A. Hauser, *Chem. Phys. Lett.* **1984**, *105*, 1–4.

[47] A. Bousseksou, G. Molnár, L. Salmon, W. Nicolazzi, *Chem. Soc. Rev.* **2011**, *40*, 3313.

[48] A. B. Gaspar, V. Ksenofontov, M. Seredyuk, P. Gütlich, *Coord. Chem. Rev.* **2005**, *249*, 2661–2676.

[49] P. Gütlich, A. Hauser, H. Spiering, *Angew. Chem. Int. Ed.* **1994**, *33*, 2024–2054.

[50] P. Gütlich, Y. Garcia, H. A. Goodwin, *Chem. Soc. Rev.* **2000**, *29*, 419–427.

[51] M. A. Halcrow, *Chem. Soc. Rev.* **2008**, *37*, 278.

[52] K. S. Murray, *Eur. J. Inorg. Chem.* **2008**, *2008*, 3101–3121.

[53] K. S. Murray, C. J. Kepert, in *Spin Crossover in Transition Metal Compounds I* (Herausgegeben von P. Gütlich, H. Goodwin) (Springer Berlin / Heidelberg), Bd. 233 von *Topics in Current Chemistry*, **2004** S. 195–228, S. 195–228.

[54] J. Olguín, S. Brooker, *Coord. Chem. Rev.* **2011**, *255*, 203–240.

[55] I. Šalitroš, N. Madhu, R. Boča, J. Pavlik, M. Ruben, *Monatsh. Chem.* **2009**, *140*, 695–733.

[56] P. Gütlich, H. A. Goodwin, *Spin Crossover in Transition Metal Compounds I-III*, Nr. 233 in Topics in Current Chemistry (Springer Berlin / Heidelberg), **2004**.

[57] O. Kahn, *Molecular Magnetism* (VCH Publishers, Weinheim), **1993**.

[58] M. Sorai, J. Ensling, P. Gütlich, *Chem. Phys.* **1976**, *18*, 199–209.

[59] P. Gütlich, H. Goodwin, E. J. A. McCleverty, T. J. Meyer, *Electronic Spin Crossover* (Pergamon, Oxford), **2003**.

[60] B. Weber, F. A. Walker, *Inorg. Chem.* **2007**, *46*, 6794–6803.

[61] P. N. Martinho, Y. Ortin, B. Gildea, C. Gandolfi, G. McKerr, B. O'Hagan, M. Albrecht, G. G. Morgan, *Dalton Trans.* **2012**.

[62] B. Strauß, V. Gutmann, W. Linert, *Monatsh. Chem.* **1993**, *124*, 515–522.

[63] W. Linert, M. Enamullah, V. Gutmann, R. F. Jameson, *Monatsh. Chem.* **1994**, *125*, 661–670.

[64] S. A. Barrett, C. A. Kilner, M. A. Halcrow, *Dalton Trans.* **2011**, *40*, 12021.

[65] S. Venkataramani, U. Jana, M. Dommaschk, F. D. Sonnichsen, F. Tuczek, R. Herges, *Science* **2011**, *331*, 445–448.

[66] P. Gütlich, H. A. Goodwin, *Spin Crossover—An Overall Perspective*, Bd. 233 von *Topics in Current Chemistry* (Springer Berlin / Heidelberg), **2004**.

[67] J. Elhaïk, C. A. Kilner, M. A. Halcrow, *Dalton Trans.* **2006**, 823.

[68] M. A. Halcrow, *Coord. Chem. Rev.* **2009**, *253*, 2493–2514.

[69] M. A. Halcrow, *Chem. Soc. Rev.* **2011**, *40*, 4119.

[70] J. M. Holland, J. A. McAllister, C. A. Kilner, M. Thornton-Pett, A. J. Bridgeman, M. A. Halcrow, *J. Chem. Soc., Dalton Trans.* **2002**, 548–554.

[71] S. Alvarez, D. Avnir, M. Llunell, M. Pinsky, *New J. Chem.* **2002**, *26*, 996–1009.

[72] H. Zabrodsky, S. Peleg, D. Avnir, *J. Am. Chem. Soc.* **1992**, *114*, 7843–7851.

[73] H. Zabrodsky, S. Peleg, D. Avnir, *J. Am. Chem. Soc.* **1993**, *115*, 8278–8289.

[74] S. Alvarez, *J. Am. Chem. Soc.* **2003**, *125*, 6795–6802.

[75] A. Bousseksou, G. Molnár, J. A. Real, K. Tanaka, *Coord. Chem. Rev.* **2007**, *251*, 1822–1833.

[76] J. A. Real, A. B. Gaspar, V. Niel, M. Muñoz, *Coord. Chem. Rev.* **2003**, *236*, 121–141.

[77] J. Létard, C. Carbonera, J. A. Real, S. Kawata, S. Kaizaki, *Chem. Eur. J.* **2009**, *15*, 4146–4155.

[78] N. Suemura, M. Ohama, S. Kaizaki, *Chem. Commun.* **2001**, 1538–1539.

[79] K. Nakano, N. Suemura, S. Kawata, A. Fuyuhiro, T. Yagi, S. Nasu, S. Morimoto, S. Kaizaki, *Dalton Trans.* **2004**, 982.

[80] K. Nakano, S. Kawata, K. Yoneda, A. Fuyuhiro, T. Yagi, S. Nasu, S. Morimoto, S. Kaizaki, *Chem. Commun.* **2004**, 2892–2893.

[81] K. Nakano, N. Suemura, K. Yoneda, S. Kawata, S. Kaizaki, *Dalton Trans.* **2005**, 740.

[82] K. Yoneda, K. Adachi, S. Hayami, Y. Maeda, M. Katada, A. Fuyuhiro, S. Kawata, S. Kaizaki, *Chem. Commun.* **2006**, 45–47.

[83] K. Yoneda, K. Nakano, J. Fujioka, K. Yamada, T. Suzuki, A. Fuyuhiro, S. Kawata, S. Kaizaki, *Polyhedron* **2005**, *24*, 2437–2442.

[84] C. M. Grunert, S. Reiman, H. Spiering, J. A. Kitchen, S. Brooker, P. Gütlich, *Angew. Chem. Int. Ed.* **2008**, *47*, 2997–2999.

[85] B. A. Leita, B. Moubaraki, K. S. Murray, J. P. Smith, J. D. Cashion, *Chem. Commun.* **2004**, 156–157.

[86] M. H. Klingele, B. Moubaraki, J. D. Cashion, K. S. Murray, S. Brooker, *Chem. Commun.* **2005**, 987–989.

[87] C. J. Schneider, J. D. Cashion, B. Moubaraki, S. M. Neville, S. R. Batten, D. R. Turner, K. S. Murray, *Polyhedron* **2007**, *26*, 1764–1772.

[88] V. Ksenofontov, A. B. Gaspar, V. Niel, S. Reiman, J. A. Real, P. Gütlich, *Chem. Eur. J.* **2004**, *10*, 1291–1298.

[89] J.-M. Lehn, *Angew. Chem. Int. Ed.* **1988**, *27*, 89–112.

[90] J. W. Steed, D. R. Turner, K. Wallace, *Core Concepts in Supramolecular Chemistry and Nanochemistry* (Wiley), 1 Aufl., **2007**.

[91] G. M. Whitesides, B. Grzybowski, *Science* **2002**, *295*, 2418–2421.

[92] J.-M. Lehn, *Science* **2002**, *295*, 2400–2403.

[93] J.-M. Lehn, *Proc. Nat. Acad. Sci.* **2002**, *99*, 4763–4768.

[94] G. R. Desiraju, *Nature* **2001**, *412*, 397–400.

[95] J.-M. Lehn, *Supramolecular Chemistry: Concepts and Perspectives* (Wiley-VCH, Weinheim), **1995**.

[96] M. Albrecht, *Naturwissenschaften* **2007**, *94*, 951–966.

[97] M. Schmittel, V. Kalsani, in *Functional Molecular Nanostructures* (Herausgegeben von A. D. Schlüter) (Springer Berlin / Heidelberg), Bd. 245 von *Topics in Current Chemistry*, **2005** S. 1–53, S. 1–53.

[98] S. T. Howard, *J. Am. Chem. Soc.* **1996**, *118*, 10269–10274.

[99] L. N. Dawe, T. S. M. Abedin, L. K. Thompson, *Dalton Trans.* **2008**, 1661.

[100] K. V. Shuvaev, T. S. M. Abedin, C. A. McClary, L. N. Dawe, J. L. Collins, L. K. Thompson, *Dalton Trans.* **2009**, 2926.

[101] A. Stadler, *Eur. J. Inorg. Chem.* **2009**, *2009*, 4751–4770.

[102] L. N. Dawe, K. V. Shuvaev, L. K. Thompson, *Inorg. Chem.* **2009**, *48*, 3323–3341.

[103] P. N. W. Baxter, J.-M. Lehn, B. O. Kneisel, D. Fenske, *Angew. Chem. Int. Ed.* **1997**, *36*, 1978–1981.

[104] M. Ruben, J. Rojo, F. Romero-Salguero, L. Uppadine, J.-M. Lehn, *Angew. Chem. Int. Ed.* **2004**, *43*, 3644–3662.

[105] L. K. Thompson, O. Waldmann, Z. Xu, *Coord. Chem. Rev.* **2005**, *249*, 2677–2690.

[106] L. N. Dawe, K. V. Shuvaev, L. K. Thompson, *Chem. Soc. Rev.* **2009**, *38*, 2334.

[107] M. Youinou, N. Rahmouni, J. Fischer, J. A. Osborn, *Angew. Chem.* **1992**, *104*, 771–773.

[108] A. R. Stefankiewicz, J. Harrowfield, A. Madalan, K. Rissanen, A. N. Sobolev, J.-M. Lehn, *Dalton Trans.* **2011**, *40*, 12320–12332.

[109] G. N. Newton, T. Onuki, T. Shiga, M. Noguchi, T. Matsumoto, J. S. Mathieson, M. Nihei, M. Nakano, L. Cronin, H. Oshio, *Angew. Chem. Int. Ed.* **2011**, *50*, 4844–4848.

[110] J. Ramírez, A. Stadler, N. Kyritsakas, J.-M. Lehn, *Chem. Commun.* **2007**, 237–239.

[111] M. Ruben, J.-M. Lehn, G. Vaughan, *Chem. Commun.* **2003**, 1338.

[112] D. M. Bassani, J.-M. Lehn, S. Serroni, F. Puntoriero, S. Campagna, *Chem. Eur. J.* **2003**, *9*, 5936–5946.

[113] M. Ruben, E. Breuning, M. Barboiu, J. Gisselbrecht, J.-M. Lehn, *Chem. Eur. J.* **2003**, *9*, 291–299.

[114] L. H. Uppadine, J. Gisselbrecht, N. Kyritsakas, K. Nättinen, K. Rissanen, J.-M. Lehn, *Chem. Eur. J.* **2005**, *11*, 2549–2565.

[115] M. Ruben, E. Breuning, J.-M. Lehn, V. Ksenofontov, P. Gütlich, G. Vaughan, *J. Magn. Magn. Mater.* **2004**, *272–276*, E715–E717.

[116] M. Ruben, E. Breuning, J.-M. Lehn, V. Ksenofontov, F. Renz, P. Gütlich, G. Vaughan, *Chem. Eur. J.* **2003**, *9*, 4422–4429.

[117] D. Wu, O. Sato, Y. Einaga, C. Duan, *Angew. Chem.* **2009**, *121*, 1503–1506.

[118] C. J. Matthews, K. Avery, Z. Xu, L. K. Thompson, L. Zhao, D. O. Miller, K. Biradha, K. Poirier, M. J. Zaworotko, C. Wilson, A. E. Goeta, J. A. K. Howard, *Inorg. Chem.* **1999**, *38*, 5266–5276.

[119] Z. Xu, L. K. Thompson, D. O. Miller, *J. Chem. Soc., Dalton Trans.* **2002**, 2462–2466.

[120] Y. S. Moroz, K. Kulon, M. Haukka, E. Gumienna-Kontecka, H. Kozłowski, F. Meyer, I. O. Fritsky, *Inorg. Chem.* **2008**, *47*, 5656–5665.

[121] T. Matsumoto, T. Shiga, M. Noguchi, T. Onuki, G. N. Newton, N. Hoshino, M. Nakano, H. Oshio, *Inorg. Chem.* **2010**, *49*, 368–370.

[122] Z. Xu, L. K. Thompson, C. J. Matthews, D. O. Miller, A. E. Goeta, J. A. K. Howard, *Inorg. Chem.* **2001**, *40*, 2446–2449.

[123] S. R. Parsons, L. K. Thompson, S. K. Dey, C. Wilson, J. A. K. Howard, *Inorg. Chem.* **2006**, *45*, 8832–8834.

[124] Y. S. Moroz, L. Szyrwiel, S. Demeshko, H. Kozłowski, F. Meyer, I. O. Fritsky, *Inorg. Chem.* **2010**, *49*, 4750–4752.

[125] O. Waldmann, M. Ruben, U. Ziener, P. Müller, J. M. Lehn, *Inorg. Chem.* **2006**, *45*, 6535–6540.

[126] D. Wu, D. Guo, Y. Song, W. Huang, C. Duan, Q. Meng, O. Sato, *Inorg. Chem.* **2009**, *48*, 854–860.

[127] T. Shiga, T. Matsumoto, M. Noguchi, T. Onuki, N. Hoshino, G. N. Newton, M. Nakano, H. Oshio, *Chem. Asian J.* **2009**, *4*, 1660–1663.

[128] S. Ferlay, T. Mallah, R. Ouahès, P. Veillet, M. Verdaguer, *Nature* **1995**, *378*, 701–703.

[129] O. Sato, T. Iyoda, A. Fujishima, K. Hashimoto, *Science* **1996**, *272*, 704–705.

[130] G. N. Newton, M. Nihei, H. Oshio, *Eur. J. Inorg. Chem.* **2011**, *2011*, 3031–3042.

[131] Y. Zhang, D. Li, R. Clérac, M. Kalisz, C. Mathonière, S. M. Holmes, *Angew. Chem. Int. Ed.* **2010**, *49*, 3752–3756.

[132] J. Mercurol, Y. Li, E. Pardo, O. Risset, M. Seuleiman, H. Rousselière, R. Lescouëzec, M. Julve, *Chem. Commun.* **2010**, *46*, 8995–8997.

[133] M. Nihei, Y. Sekine, N. Suganami, K. Nakazawa, A. Nakao, H. Nakao, Y. Murakami, H. Oshio, *J. Am. Chem. Soc.* **2011**, *133*, 3592–3600.

[134] M. Nihei, Y. Sekine, N. Suganami, H. Oshio, *Chem. Lett.* **2010**, *39*, 978–979.

[135] M. Nihei, M. Ui, M. Yokota, L. Han, A. Maeda, H. Kishida, H. Okamoto, H. Oshio, *Angew. Chem. Int. Ed.* **2005**, *44*, 6484–6487.

[136] I. Boldog, F. J. Muñoz-Lara, A. B. Gaspar, M. C. Muñoz, M. Seredyuk, J. A. Real, *Inorg. Chem.* **2009**, *48*, 3710–3719.

[137] M. Nihei, M. Ui, H. Oshio, *Polyhedron* **2009**, *28*, 1718–1721.

[138] E. M. Zueva, E. R. Ryabikh, A. M. Kuznetsov, S. A. Borshch, *Inorg. Chem.* **2011**, *50*, 1905–1913.

[139] R. Wei, Q. Huo, J. Tao, R. Huang, L. Zheng, *Angew. Chem. Int. Ed.* **2011**, *50*, 8940–8943.

[140] L. Grill, *J. Phys.: Condens. Matter* **2008**, *20*, 053001.

[141] J. A. A. W. Elemans, S. Lei, S. De Feyter, *Angew. Chem. Int. Ed.* **2009**, *48*, 7298–7332.

[142] R. W. Saalfrank, A. Scheurer, I. Bernt, F. W. Heinemann, A. V. Postnikov, V. Schünemann, A. X. Trautwein, M. S. Alam, H. Rupp, P. Müller, *Dalton Trans.* **2006**, 2865.

[143] L. Bogani, W. Wernsdorfer, *Nat. Mater.* **2008**, *7*, 179–186.

[144] D. Gatteschi, A. Cornia, M. Mannini, R. Sessoli, *Inorg. Chem.* **2009**, *48*, 3408–3419.

[145] K. Petukhov, M. Alam, H. Rupp, S. Strömsdörfer, P. Müller, A. Scheurer, R. Saalfrank, J. Kortus, A. Postnikov, M. Ruben, L. Thompson, J.-M. Lehn, *Coord. Chem. Rev.* **2009**, *253*, 2387–2398.

[146] M. S. Alam, M. Stocker, K. Gieb, P. Müller, M. Haryono, K. Student, A. Grohmann, *Angew. Chem. Int. Ed.* **2009**, *49*, 1159–1163.

[147] M. Ruben, J.-M. Lehn, P. Müller, *Chem. Soc. Rev.* **2006**, *35*, 1056–1067.

[148] A. Semenov, J. P. Spatz, M. Möller, J.-M. Lehn, B. Sell, D. Schubert, C. H. Weidl, U. S. Schubert, *Angew. Chem. Int. Ed.* **1999**, *38*, 2547–2550.

[149] A. Semenov, J. P. Spatz, J.-M. Lehn, C. H. Weidl, U. S. Schubert, M. Möller, *Appl. Surf. Sci.* **1999**, *144–145*, 456–460.

[150] M. Alam, S. Strömsdörfer, V. Dremov, P. Müller, J. Kortus, M. Ruben, J.-M. Lehn, *Angew. Chem. Int. Ed.* **2005**, *44*, 7896–7900.

[151] V. A. Milway, S. M. T. Abedin, V. Niel, T. L. Kelly, L. N. Dawe, S. K. Dey, D. W. Thompson, D. O. Miller, M. S. Alam, P. Müller, L. K. Thompson, *Dalton Trans.* **2006**, 2835.

[152] S. K. Dey, T. S. M. Abedin, L. N. Dawe, S. S. Tandon, J. L. Collins, L. K. Thompson, A. V. Postnikov, M. S. Alam, P. Müller, *Inorg. Chem.* **2007**, *46*, 7767–7781.

[153] E. Breuning, M. Ruben, J.-M. Lehn, F. Renz, Y. Garcia, V. Ksenofontov, P. Gütlich, E. Wegelius, K. Rissanen, *Angew. Chem. Int. Ed.* **2000**, *39*, 2504–2507.

[154] M. Ruben, U. Ziener, J.-M. Lehn, V. Ksenofontov, P. Gütlich, G. B. M. Vaughan, *Chem. Eur. J.* **2005**, *11*, 94–100.

[155] G. S. Hanan, D. Volkmer, U. S. Schubert, J.-M. Lehn, G. Baum, D. Fenske, *Angew. Chem. Int. Ed.* **1997**, *36*, 1842–1844.

[156] L. H. Uppadine, J. Gisselbrecht, N. Kyritsakas, K. Nättinen, K. Rissanen, J.-M. Lehn, *Chem. Eur. J.* **2005**, *11*, 2549–2565.

[157] L. Zhao, C. J. Matthews, L. K. Thompson, S. L. Heath, *Chem. Commun.* **2000**, 265–266.

[158] C. Romeike, M. R. Wegewijs, W. Wenzel, M. Ruben, H. Schoeller, *Int. J. Quantum Chem.* **2006**, *106*, 994–1000.

[159] C. Romeike, M. R. Wegewijs, M. Ruben, W. Wenzel, H. Schoeller, *Phys. Rev. B* **2007**, *75*, 064404.

[160] H. Zhang, D. Fu, F. Ji, G. Wang, K. Yu, T. Yao, *J. Chem. Soc., Dalton Trans.* **1996**, 3799.

[161] J. I. van der Vlugt, S. Demeshko, S. Dechert, F. Meyer, *Inorg. Chem.* **2008**, *47*, 1576–1585.

[162] B. Schneider, Diplomarbeit, Georg-August-Universität Göttingen, **2008**.

[163] J. C. Jeffery, P. L. Jones, K. L. V. Mann, E. Psillakis, J. A. McCleverty, M. D. Ward, C. M. White, *Chem. Commun.* **1997**, 175–176.

[164] K. L. V. Mann, E. Psillakis, J. C. Jeffery, L. H. Rees, N. M. Harden, J. A. McCleverty, M. D. Ward, D. Gatteschi, F. Totti, F. E. Mabbs, E. J. L. McInnes, P. C. Riedi, G. M. Smith, *J. Chem. Soc., Dalton Trans.* **1999**, 339–348.

[165] F. W. J. Demnitz, M. B. D'heni, *Org. Prep. Proced. Int.* **1998**, *30*, 467–469.

[166] E. F. Pettersen, T. D. Goddard, C. C. Huang, G. S. Couch, D. M. Greenblatt, E. C. Meng, T. E. Ferrin, *J. Comput. Chem.* **2004**, *25*, 1605–1612, PMID: 15264254.

[167] J. R. Nitschke, J.-M. Lehn, *Proc. Nat. Acad. Sci.* **2003**, *100*, 11970–11974.

[168] E. Bill, *Program for Simulation of Molecular Magnetic Data* (Max-Planck Institute for Bioinorganic Chemistry, Mülheim/Ruhr), **2008**.

[169] B. Strauß, W. Linert, V. Gutmann, R. F. Jameson, *Monatsh. Chem.* **1992**, *123*, 537–546.

[170] W. Kaim, A. Klein, M. Glöckle, *Acc. Chem. Res.* **2000**, *33*, 755–763.

[171] N. G. Connelly, W. E. Geiger, *Chem. Rev.* **1996**, *96*, 877–910.

[172] J. E. Huheey, E. Keiter, R. L. Keiter, *Anorganische Chemie* (Gruyter), 3 Aufl., **2003**.

[173] N. Lin, S. Stepanow, F. Vidal, K. Kern, M. S. Alam, S. Stromsdörfer, V. Dremov, P. Müller, A. Landa, M. Ruben, *Dalton Trans.* **2006**, 2794.

[174] M. S. Alam, M. Stocker, K. Gieb, P. Müller, M. Haryono, K. Student, A. Grohmann, *Angew. Chem. Int. Ed.* **2010**, *49*, 1159–1163.

[175] N. V. Fischer, M. S. Alam, I. Jum'h, M. Stocker, N. Fritsch, V. Dremov, F. W. Heinemann, N. Burzlaff, P. Müller, *Chem. Eur. J.* **2011**, *17*, 9293–9297.

[176] H. W. Roesky, M. Andruh, *Coord. Chem. Rev.* **2003**, *236*, 91–119.

[177] P. Gütlich, E. Bill, A. X. Trautwein, *Mössbauer Spectroscopy and Transition Metal Chemistry: Fundamentals and Application* (Springer), **2011**.

[178] A. Petitjean, N. Kyritsakas, J.-M. Lehn, *Chem. Commun.* **2004**, 1168.

[179] F. A. L. Anet, S. S. Miura, J. Siegel, K. Mislow, *J. Am. Chem. Soc.* **1983**, *105*, 1419–1426.

[180] D. M. Bassani, J.-M. Lehn, K. Fromm, D. Fenske, *Angew. Chem. Int. Ed.* **1998**, *37*, 2364–2367.

[181] L. H. Uppadine, J.-M. Lehn, *Angew. Chem. Int. Ed.* **2004**, *43*, 240–243.

[182] P. N. W. Baxter, J.-M. Lehn, J. Fischer, M. Youinou, *Angew. Chem. Int. Ed.* **1994**, *33*, 2284–2287.

[183] M. van der Meer, Masterarbeit, Georg-August-Universität Göttingen, **2011**.

[184] P. Pyykkö, *Chem. Rev.* **1997**, *97*, 597–636.

[185] H. Schmidbaur, A. Schier, *Chem. Soc. Rev.* **2008**, *37*, 1931.

[186] M. Mascal, J. Kerdelhué, A. J. Blake, P. A. Cooke, R. J. Mortimer, S. J. Teat, *Eur. J. Inorg. Chem.* **2000**, *2000*, 485–490.

[187] A. N. Khlobystov, A. J. Blake, N. R. Champness, D. A. Lemenovskii, A. G. Majouga, N. V. Zyk, M. Schröder, *Coord. Chem. Rev.* **2001**, *222*, 155–192.

[188] A. Bondi, *J. Phys. Chem.* **1964**, *68*, 441–451.

[189] E. Bill, *Molecular Magnetism and Magnetochemistry*, IRTG 1422 Training Course, Göttingen, **2011**.

[190] J. Heinze, *Angew. Chem. Int. Ed.* **1984**, *23*, 831–847.

[191] P. J. Burke, D. R. McMillin, W. R. Robinson, *Inorg. Chem.* **1980**, *19*, 1211–1214.

[192] J. R. Aranzaes, M. Daniel, D. Astruc, *Can. J. Chem.* **2006**, *84*, 288–299.

[193] E. A. Ambundo, M. Deydier, A. J. Grall, N. Aguera-Vega, L. T. Dressel, T. H. Cooper, M. J. Heeg, L. A. Ochrymowycz, D. B. Rorabacher, *Inorg. Chem.* **1999**, *38*, 4233–4242.

[194] G. Patterson, R. Holm, *Bioinorg. Chem.* **1975**, *4*, 257–275.

[195] D. B. Rorabacher, *Chem. Rev.* **2004**, *104*, 651–698.

[196] N. Koshino, Y. Kuchiyama, S. Funahashi, H. D. Takagi, *Chem. Phys. Lett.* **1999**, *306*, 291–296.

[197] S. Itoh, S. Hunahashi, N. Koshino, H. D. Takagi, *Inorg. Chim. Acta* **2001**, *324*, 252–265.

[198] J. Klingele, S. Dechert, F. Meyer, *Coord. Chem. Rev.* **2009**, *253*, 2698–2741.

[199] D. L. Caulder, C. Brückner, R. E. Powers, S. König, T. N. Parac, J. A. Leary, K. N. Raymond, *J. Am. Chem. Soc.* **2001**, *123*, 8923–8938.

[200] J. R. Nitschke, M. Hutin, G. Bernardinelli, *Angew. Chem.* **2004**, *116*, 6892–6895.

[201] V. W. Yam, K. K. Lo, *Chem. Soc. Rev.* **1999**, *28*, 323–334.

[202] Autorenkollektiv, *Organikum* (Deutscher Verlag der Wissenschaften, Berlin), **1990**.

[203] E. Bill, *Program for Simulation of Mössbauer Data* (Max-Planck Institute for Bioinorganic Chemistry, Mülheim/Ruhr), **2008**.

[204] M. Wojdyr, *J. Appl. Crystallogr.* **2010**, *43*, 1126–1128.

[205] F. Teixidor, R. Garcia, J. Pons, J. Casabó, *Polyhedron* **1988**, *7*, 43–47.

[206] G. M. Sheldrick, *SHELXS-97: Program for Crystal Structure Solution* (Universität Göttingen, Göttingen), **1997**.

[207] G. M. Sheldrick, *SHELXL-97: Program for Crystal Structure Refinement* (Universität Göttingen, Göttingen), **1997**.

Abkürzungsverzeichnis

abs.	absolutiert
Ac	Acetyl
bpy	2,2'-Bipyridin
bpym	2,2'-Bipyrimidin
CD	Compact Disc
CITS	Current Imaging Tunneling Spectroscopy
cod	1,5-Cyclooctadien
Cp	Cyclopentadienyl
CPC	constant potential coulometry
CSM	Continuous Symmetry Measures
CT	Charge-Transfer
CTIST	Charge-Transfer Induced Spin Transition
CV	Cyclovoltammetrie
DCM	Dichlormethan
DMF	N,N-Dimethylformamid
DVD	Digital Versatile Disc
EEPROM	Electrically Erasable Programmable Read-Only Memory
EPROM	Erasable Programmable Read-Only Memory

eq	Äquivalente
Et	Ethyl
ETCST	Electron-Transfer Coupled Spin Transition
EU-FP6	European Union Framework Programme 6
FET	Field Effect Transistor
HOPG	Highly Oriented Pyrolytic Graphite
HS	High-Spin
IMST	Innovative Mass-Storage Technologies
IT	Information Technology
IVCT	Intervalence Charge-Transfer
LIESST	Light-Induced Excited Spin State Trapping
LMCT	Ligand-To-Metal Charge-Transfer
LS	Low-Spin
Lsg.	Lösung
Me	Methyl
MLCT	Metal-To-Ligand Charge-Transfer
MOSFET	Metal Oxide Field Effect Transistor
NIR	Nahes Infrarot
NVM	non-volatile memory
OTf	Triflat
p.a.	Reinheitsgrad pro analysi
py	Pyridin

pz	Pyrazol
RT	Raumtemperatur
SCE	Saturated Calomel Electrode, Kalomelelektrode
SCO	Spin-Crossover
SERS	Surface Enhanced Raman Spectroscopy
SMM	Single Molecule Magnet
SQUID	Superconducting Quantum Interference Device
STM	Scanning Tunneling Microscopy (Rastertunnelmikroskopie)
STS	Scanning Tunneling Spectroscopy
SWV	square wave voltammetry
tacn	1,4,7-Triazacyclononan
terpy	2,2′;6′,2-Terpyridin
TFA	Trifluoressigsäure
THF	Tetrahydrofuran
TMS	Trimethylsilyl
tpa	Tris(2-pyridylmethyl)amin
UV	Ultraviolett
vis	sichtbares Licht
SOD	second-order Doppler effect; Doppler-Effekt zweiter Ordnung

Formelübersicht

Ligandenvorstufen und Liganden

II

III

HL¹

IV

V

HL²

VI

HL³

VII

H₂L⁴

VIII

XI

XII

Komplexe

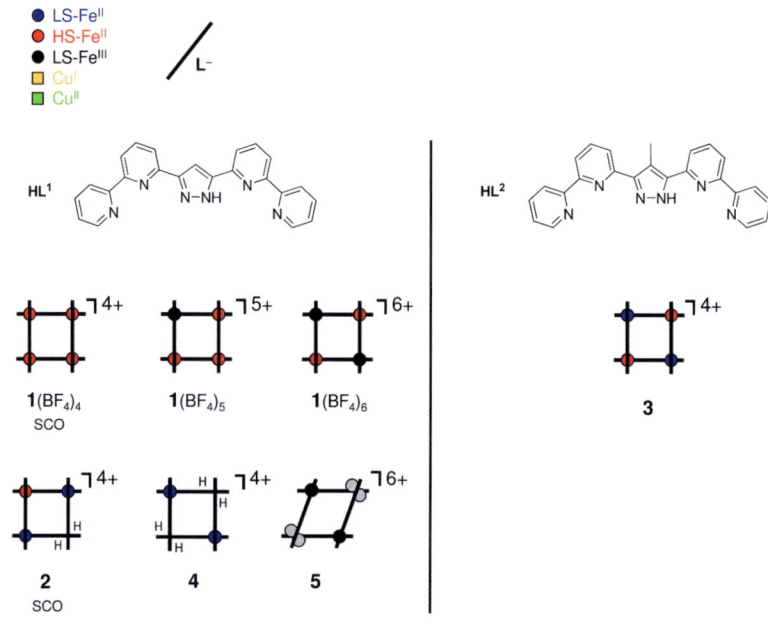

HL¹

HL²

1(BF₄)₄
SCO

1(BF₄)₅

1(BF₄)₆

3

2
SCO

4

5

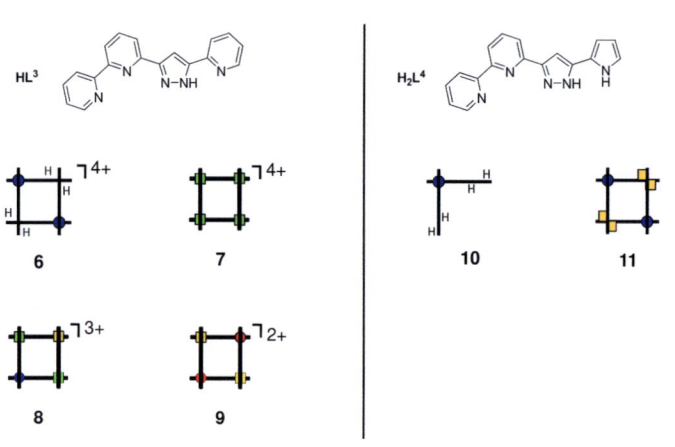

HL³

H₂L⁴

6

7

10

11

8

9

Danksagung

Zuallererst gilt mein Dank meinem Doktorvater Prof. Dr. Franc Meyer, der mir dieses bis zum Schluss spannende und fruchtbare Thema anvertraut hat. Das kontinuierlich entgegengebrachte Vertrauen hielt über den gesamten Zeitraum der Promotion an und hat sich – so finde ich – ausgezahlt.

Desweiteren bedanke ich mich bei Prof. Dr. Oliver Wenger für die unkomplizierte Übernahme des Korreferats.

Der DFG (SFB 602) danke ich für die finanzielle Ausstattung.

Für das Korrekturlesen der Dissertation danke ich Dr. Sebastian Dechert, Dr. Sarah Fakih, Markus Steinert und Iris Klawitter, besonders bedanken, ja fast entschuldigen möchte ich mich für die eiligen und dennoch genauen Korrekturen durch Dr. Michael Fuchs (fast bis neben den Drucker) und Anett Sander.

Zum Gelingen der Arbeit haben eine Reihe Personen beigetragen. An erster Stelle steht dabei Dr. Serhiy Demeshko, der ein hervorragendenes Engagement besonders in Sachen SQUID und Mößbauer zeigt und immer interessiert an allen ungewöhnlichen Komplexen ist. Er hat stets eine Messmöglichkeit für mich gefunden oder geschaffen. Dr. Sebastian Dechert danke ich für seine Ausdauer mit meinen Kristallen, die es ihm nicht immer leicht gemacht haben, auch den Freizeit-Kristallographen Boris Burger, Simone Wöckel, Vera Konstanzer und Steffen Meyer sowie Nicole Kindermann möchte ich danken. Jörg Teichgräber danke ich für die zuverlässig gemessenen Cyclovoltammogramme. Der gesamten Analytik des Anorganischen Instituts (NMR, Massenspektrometrie, Analytisches Labor) möchte ich für die Zuverlässigkeit danken. Matthias Hesse, Jörg Teichgräber und Andreas Schwarz danke ich für die Versorgung mit Geräten und Chemikalien, Frau Stückl für die Fürsorge bei allen Papierangelegenheiten.

Ich danke allen Kooperationspartnern, besonders aber der Arbeitsgruppe von Prof. Dr. Paul Müller, die Besuche in Erlangen waren angenehm und spannend.

Eine Reihe von Forschungsstudenten haben mich unterstützt und sollen dankend erwähnt werden: Felix Klinke, Nora Hofmann, Cindy Wechsler, Franz Kollipost, Stefanie Voß, Lukas Patalag, Markus Steinert, Natascha Bruckner, Margarethe van der Meer, Jonathan Hubrich und Sebastian Smolne.

Meine Zeit im Labor habe ich meistens genossen, woran besonders die Laborkollegen Vera Konstanzer und Markus Steinert beteiligt waren, Konflikte (außer musikalisch) waren selten. Einigen Mitgliedern der Arbeitsgruppe danke ich für die nicht-wissenschaftlichen Seminare und die Zerstreuung im Sozialraum am Abend. Auch an den Espresso-Club (hervorgehobene Baristi: MF, DSD1, AnSa, später BB, JW) werde ich gerne zurückdenken.

Ich danke den Freunden (Christian, Christoph, Friederike, Gretel, Marta), die mich während der Doktorarbeit in Göttingen begleitet haben. Natürlich auch den Nichtgöttingern Ole, Hauke, und Michael, die mir nicht davongelaufen sind. Außerdem meiner Familie, die sich nur selten über ausbleibende Besuche beschwert hat. Besonders für das letzte Jahr in Göttingen danke ich Christiane, die mir eine ganz neue Perspektive gegeben hat.

Lebenslauf

Persönliche Daten

Name:	Benjamin Schneider
Geburtstag:	14.09.1982
Geburtsort:	Eckernförde
Nationalität:	Deutsch
Familienstand:	Ledig

Schulausbildung

08/1989-07/1992	Besuch der Grundschule Schwartbuck
08/1992-07/2001	Besuch des Gymnasiums im Hoffmann-von-Fallersleben-Schulzentrum in Lütjenburg
06/2001	Abitur

Wehrdienst

07/2001-08/2002	Grundwehrdienst (9 Monate) und zusätzlicher freiwilliger Wehrdienst (4 Monate) als Sanitätssoldat bei der Marine (Kiel, List/Sylt)

Studium

10/2002-09/2005	Studium der Chemie (Diplom) an der Christian-Albrechts-Universität Kiel
03/2005	Diplom-Vorprüfung
10/2005-04/2007	Studium der Chemie (Diplom) an der Georg-August-Universität Göttingen
05/2007-01/2008	Diplomarbeit am Anorganisch-Chemischen Institut der Georg-August-Universität Göttingen unter Anleitung von Prof. Dr. Franc Meyer: *"Mehrkernige Eisenkomplexe mit N-Heterocyclischen Chelatliganden: Synthese und Magnetische Eigenschaften"*
04/2008	Diplom-Hauptprüfung
seit 05/2008	Experimentelle Arbeiten zur Promotion in der Arbeitsgruppe von Prof. Dr. Franc Meyer: *"Multistabile Gitterkomplexe"*